21世纪高等学校计算机专业实用规划教材

# 数据库原理及应用
# 实验与课程设计指导

刘金岭　冯万利　主编

U0107868

清华大学出版社
北京

## 内容简介

本书是《数据库原理及应用》(刘金岭,冯万利,张有东主编,清华大学出版社出版,2009)的配套指导书,共分为两个部分:第一部分为实验指导,共有 14 个实验,该部分介绍了 SQL Server 2005 数据库功能和操作,并根据主教材第 8 章和第 9 章的内容安排了 ASP、ASP. NET 与 SQL Server 2005 数据库连接两个试验;第二部分为课程设计指导,该部分首先对课程设计报告的撰写给出了一些规范,而后给出了两个较完整的课程设计案例,最后给出了 3 个课程设计的选题分析。

本书既适合作为普通高等院校本科层次数据库原理及应用课程的实验和课程设计指导书,也适合作为高等教育其他层次的数据库原理及应用课程的实验指导书或课程设计、毕业设计的参考书。

**图书在版编目(CIP)数据**

数据库原理及应用实验与课程设计指导/刘金岭,冯万利主编.—北京:清华大学出版社,2010.6

(21 世纪高等学校计算机专业实用规划教材)

ISBN 978-7-302-22398-6

Ⅰ. ①数… Ⅱ. ①刘… ②冯… Ⅲ. ①数据库系统－高等学校－教学参考资料 Ⅳ. ①TP311.13

中国版本图书馆 CIP 数据核字(2010)第 061805 号

责任编辑:魏江江 顾 冰
责任校对:焦丽丽
责任印制:王秀菊

出版发行:清华大学出版社　　　　　　　　　　地　　　址:北京清华大学学研大厦 A 座
　　　　　http://www.tup.com.cn　　　　　　　邮　　　编:100084
　　　　　社　总　机:010-62770175　　　　　邮　　　购:010-62786544
　　　　　投稿与读者服务:010-62776969,c-service@tup.tsinghua.edu.cn
　　　　　质　量　反　馈:010-62772015,zhiliang@tup.tsinghua.edu.cn
印　刷　者:北京市清华园胶印厂
装　订　者:三河市溧源装订厂
经　　　销:全国新华书店
开　　　本:185×260　印　张:13.5　字　　数:321 千字
版　　　次:2010 年 6 月第 1 版　印　　　次:2010 年 6 月第 1 次印刷
印　　　数:1~3000
定　　　价:20.00 元

产品编号:033699-01

# 编审委员会成员

（按地区排序）

| | 孙　莉 | 副教授 |
| --- | --- | --- |
| 浙江大学 | 吴朝晖 | 教授 |
| | 李善平 | 教授 |
| 扬州大学 | 李　云 | 教授 |
| 南京大学 | 骆　斌 | 教授 |
| | 黄　强 | 副教授 |
| 南京航空航天大学 | 黄志球 | 教授 |
| | 秦小麟 | 教授 |
| 南京理工大学 | 张功萱 | 教授 |
| 南京邮电学院 | 朱秀昌 | 教授 |
| 苏州大学 | 王宜怀 | 教授 |
| | 陈建明 | 副教授 |
| 江苏大学 | 鲍可进 | 教授 |
| 武汉大学 | 何炎祥 | 教授 |
| 华中科技大学 | 刘乐善 | 教授 |
| 中南财经政法大学 | 刘腾红 | 教授 |
| 华中师范大学 | 叶俊民 | 教授 |
| | 郑世珏 | 教授 |
| | 陈　利 | 教授 |
| 江汉大学 | 颜　彬 | 教授 |
| 国防科技大学 | 赵克佳 | 教授 |
| 中南大学 | 刘卫国 | 教授 |
| 湖南大学 | 林亚平 | 教授 |
| | 邹北骥 | 教授 |
| 西安交通大学 | 沈钧毅 | 教授 |
| | 齐　勇 | 教授 |
| 长安大学 | 巨永峰 | 教授 |
| 哈尔滨工业大学 | 郭茂祖 | 教授 |
| 吉林大学 | 徐一平 | 教授 |
| | 毕　强 | 教授 |
| 山东大学 | 孟祥旭 | 教授 |
| | 郝兴伟 | 教授 |
| 中山大学 | 潘小轰 | 教授 |
| 厦门大学 | 冯少荣 | 教授 |
| 仰恩大学 | 张思民 | 教授 |
| 云南大学 | 刘惟一 | 教授 |
| 电子科技大学 | 刘乃琦 | 教授 |
| | 罗　蕾 | 教授 |
| 成都理工大学 | 蔡　淮 | 教授 |
| | 于　春 | 讲师 |
| 西南交通大学 | 曾华燊 | 教授 |

# 出版说明

随着我国改革开放的进一步深化,高等教育也得到了快速发展,各地高校紧密结合地方经济建设发展需要,科学运用市场调节机制,加大了使用信息科学等现代科学技术提升、改造传统学科专业的投入力度,通过教育改革合理调整和配置了教育资源,优化了传统学科专业,积极为地方经济建设输送人才,为我国经济社会的快速、健康和可持续发展以及高等教育自身的改革发展做出了巨大贡献。但是,高等教育质量还需要进一步提高以适应经济社会发展的需要,不少高校的专业设置和结构不尽合理,教师队伍整体素质亟待提高,人才培养模式、教学内容和方法需要进一步转变,学生的实践能力和创新精神亟待加强。

教育部一直十分重视高等教育质量工作。2007 年 1 月,教育部下发了《关于实施高等学校本科教学质量与教学改革工程的意见》,计划实施"高等学校本科教学质量与教学改革工程(简称'质量工程')",通过专业结构调整、课程教材建设、实践教学改革、教学团队建设等多项内容,进一步深化高等学校教学改革,提高人才培养的能力和水平,更好地满足经济社会发展对高素质人才的需要。在贯彻和落实教育部"质量工程"的过程中,各地高校发挥师资力量强、办学经验丰富、教学资源充裕等优势,对其特色专业及特色课程(群)加以规划、整理和总结,更新教学内容、改革课程体系,建设了一大批内容新、体系新、方法新、手段新的特色课程。在此基础上,经教育部相关教学指导委员会专家的指导和建议,清华大学出版社在多个领域精选各高校的特色课程,分别规划出版系列教材,以配合"质量工程"的实施,满足各高校教学质量和教学改革的需要。

本系列教材立足于计算机专业课程领域,以专业基础课为主、专业课为辅,横向满足高校多层次教学的需要。在规划过程中体现了如下一些基本原则和特点。

(1)反映计算机学科的最新发展,总结近年来计算机专业教学的最新成果。内容先进,充分吸收国外先进成果和理念。

(2)反映教学需要,促进教学发展。教材要适应多样化的教学需要,正确把握教学内容和课程体系的改革方向,融合先进的教学思想、方法和手段,体现科学性、先进性和系统性,强调对学生实践能力的培养,为学生知识、能力、素质协调发展创造条件。

(3)实施精品战略,突出重点,保证质量。规划教材把重点放在公共基础课和专业基础课的教材建设上;特别注意选择并安排一部分原来基础比较好的优秀教材或讲义修订再版,逐步形成精品教材;提倡并鼓励编写体现教学质量和教学改革成果的教材。

(4)主张一纲多本,合理配套。专业基础课和专业课教材配套,同一门课程有针对不同层次、面向不同应用的多本具有各自内容特点的教材。处理好教材统一性与多样化,基本教材与辅助教材、教学参考书,文字教材与软件教材的关系,实现教材系列资源配套。

(5)依靠专家,择优选用。在制定教材规划时要依靠各课程专家在调查研究本课程教材建设现状的基础上提出规划选题。在落实主编人选时,要引入竞争机制,通过申报、评审确定主题。书稿完成后要认真实行审稿程序,确保出书质量。

　　繁荣教材出版事业,提高教材质量的关键是教师。建立一支高水平教材编写梯队才能保证教材的编写质量和建设力度,希望有志于教材建设的教师能够加入到我们的编写队伍中来。

21 世纪高等学校计算机专业实用规划教材

联系人:魏江江 weijj@tup.tsinghua.edu.cn

# 前 言

"数据库原理及应用"是一门既有较强理论性,又有较强实践性的专业基础课程,它需要把理论知识和实际应用紧密结合起来。本书作为《数据库原理及应用》(刘金岭、冯万利、张有东主编,清华大学出版社,2009)的配套指导书,目的就是让读者在学习数据库知识时,做到理论联系实际,进行理论知识的学习的同时,进行上机实践。本书内容紧密结合主教材的学习内容,由浅入深,循序渐进,力求通过实践训练,让读者了解数据库管理系统的基本原理和数据库系统设计的方法,培养读者应用及设计数据库的能力。

本书分为两部分,第一部分为实验指导,每个实验都给出与实验相关的试验内容,然后逐步引导读者进行相关的实验。该部分包括 14 个实验,内容包括 SQL Server 2005 常用服务、数据库及数据表的创建与管理、SQL 的数据查询功能、SQL 的数据操作功能、视图的创建与使用、游标的使用、存储过程的创建与使用、数据库的安全性与完整性、数据库备份和还原、ASP 和 ASP. NET 与 SQL Server 2005 数据库的连接。第二部分为课程设计指导,先是给出了课程设计报告撰写、课程设计应用程序编写的规范和项目开发计划撰写的规范,而后给出了两个完整的课程设计案例,这两个案例按照软件工程的分析、设计方法循序渐进地介绍了设计初步开发的全过程。最后在第 6 章对 3 个课程设计选题进行了分析。

本书的主要特点:

(1) 第一部分是密切结合主教材的知识体系给出了 14 个实验,为进一步理解、应用数据库原理的理论打下了坚实基础。每个实验都有实验目的、实验内容、实验步骤、注意事项和思考题五部分,使读者在实验前充分了解相关知识背景,实验过程中充分利用数据库管理工具和交互式 SQL 平台深刻理解数据库理论知识。

(2) 第二部分的第 1 章给出了课程设计报告撰写的规范;第 2 章给出了课程设计应用程序编写的规范;第 3 章给出了项目开发计划撰写规范。其目的为学生的毕业设计和毕业后参与项目开发打下基础。

(3) 第二部分的第 4 章和第 5 章分别采用 ASP 和 ASP. NET 开发工具进行数据库应用系统的初步开发,并给出了源代码,从而达到理论和实践的紧密结合,这也是对主教材的第 8 章和第 9 章的拓展。

(4) 本教材的取例既考虑到学生所熟悉的案例,如图书管理、图书销售、学生成绩、评价教师以及聊天室,同时也涵盖了一些常用技术。

本教材由长期承担《数据库原理及应用》课程教学、具有丰富教学经验的一线教师编写,针对性强、理论与应用并重、概念清楚,内容丰富,强调面向应用,注重培养应用技能。

　　本教材由刘金岭、冯万利主编,第二部分第 4 章、第 5 章两个案例主要取材于施赛花和范建龙两位学生的课程设计,在此表示感谢。

　　本书的编写得到作者所在的计算机工程学院和清华大学出版社的大力支持,在此表示衷心的感谢。

　　由于作者的水平有限,书中难免存在一些缺点和错误,殷切希望广大读者批评指正。

编　者

2010 年 3 月

# 目　录

# 第一部分
# 实 验 指 导

"数据库原理及应用"是一门理论性较强,实践性也较强的专业基础课程,这就需要把理论知识和实际应用紧密结合起来,因此,上机实验是教学中的必要环节。实验的目的就是让学生在学习数据库知识时,做到理论联系实际,在进行理论知识学习的的同时,通过上机实践进行巩固和提高。实验内容是根据主教材的理论体系和内容编写的,做到了由浅入深,循序渐进。另一方面,学生经过上机实验学习,可以掌握 SQL Server 2005 数据库管理系统的实际应用技能。

对上机实验有以下 3 个方面的要求。

**1. 实验前的准备**

上机前要认真复习主教材中相关的理论内容,认真阅读指导书中实验目的以及实验内容,根据实验步骤进行分析,选择适当的解决方法,分析实验教材的上机实验过程,并对可能遇到的问题找出解决对策,了解自身的薄弱环节,以便在上机过程中重点解决。

**2. 实验过程**

按照指导书上所给的实验内容进行操作,并且要按照给出问题的先后顺序去完成,不要跳跃地去完成实验内容,因为每一个实验的内容都是有联系的,如果顺序颠倒,实验就不能达到预期的效果。

整个实验过程学生应该独立完成,这样有助于加深学生对实验内容的掌握,遇到问题尽量独立解决。

**3. 实验报告的撰写**

上机实验结束后,要按实验要求撰写实验报告。实验报告是对实验工作整理后写出的简单扼要的书面报告。撰写实验报告是做完实验后最基本的工作,它可以使学生对实验过程中获得的感性知识进行全面总结并可提高到理性认识,总结出已取得的结果,了解尚未解决的问题和实验尚需注意的事项,并提供有价值的资料。撰写实验报告的过程是学生用所学数据库的基本理论对实验结果进行分析综合,逻辑思维上升为理论的过程,也是锻炼学生科学思维,独立分析和解决问题,准确地进行科学表达的过程。

实验报告一般按指导教师要求的内容撰写,一个实验报告常常包括一个或几个实验指导书中实验的内容。具体应包含如下几个内容:

① 实验名称、实验时间、实验地点、实验人等。

② 实验目的:实验要达到的目的和要求。

③ 实验内容:由指导教师根据课程实验目的所确定的本次实验内容。

④ 实验步骤:实验的步骤是记录实验中的每一个环节,写明实验步骤和现象。有时需要画出实验结构示意图,配以相应的文字说明。对出现的问题进行描述、分析和尝试解决,如果无法解决的,需要提出一个解决的思路或者说明无法解决的原因。

⑤ 实验结果与分析:实验结果与分析是实验报告的主体部分,主要包括两方面内容:一是在实验中所收集的原始资料和观测资料经过初步分析后的结果;二是对资料初步整理后,采用逻辑分析、系统分析、统计分析等分析方法,推导出实验的最后结果。

⑥ 心得与体会:上机实验过程中遇到的问题及其解决办法,通过上机学到哪些知识等。实验成功或失败的原因,实验后的心得体会、建议等。

# 实验一 | SQL Server 2005 常用服务

## 1. 实验目的

了解 SQL Server 2005 的系统配置、"联机丛书"的内容；掌握 Microsoft SQL Server Management Studio 的基本操作及模板的使用方法。

## 2. 实验内容

(1) 查看 SQL Server 2005 的系统配置。

(2) 查看 SQL Server"联机丛书"的内容。

(3) 查看 Microsoft SQL Server Management Studio 的环境并掌握其基本操作。

(4) 查看 Microsoft SQL Server Management Studio 脚本模板环境并掌握其模板使用方法。

## 3. 实验步骤

1) 配置

安装完 Microsoft SQL Server 2005 后要对 SQL Server 2005 进行配置。包括两方面的内容：配置服务和配置服务器。

(1) 配置服务主要是用来管理 SQL Server 2005 服务的启动状态以及使用何种账户启动。有两种方法：

① 使用系统方法，即选择"控制面板"→"性能和维护"→"管理工具"→"服务"。打开服务窗口，这里列出了所有系统中的服务。从列表中找到 9 种有关 SQL Server 2005 的服务，若要配置可右击服务名称再选择"属性"命令。例如，这里选择 SQL Server Integration Services 打开的"属性"对话框，如图 1.1.1 所示。在"登录"选项卡中设置服务的登录身份，以确定使用本地系统账户还是指定的账户。

② 使用 SQL Server 2005 中附带的服务配置工具 SQL Server Configuration Manager，打开后仅列出了与 SQL Server 2005 相关的服务。也可右击选择"属性"命令进行配置，如图 1.1.2 所示，右击 SQL Server Integration Services，打开"属性"对话框。在"服务"选项卡中管理服务的启动模式有"自动"、"手动"或者"已禁用"。

(2) 配置服务器主要是针对安装后的 SQL Server 2005 实例进行的。在 SQL Server 2005 系统中，可以使用 SQL Server Management Studio、sp_configure 系统存储过程、SET 语句等方式设置服务器选项。下面以使用 SQL Server Management Studio 为例，介绍如何使用可视化工具配置服务选项。

① 选择"开始"→"程序"→Microsoft SQL Server 2005→SQL Server Management Studio，打开 SQL Server Management Studio 窗口，如图 1.1.3 所示。

4

图 1.1.1 "登录"选项卡

图 1.1.2 "服务"选项卡

图 1.1.3 "连接到服务器"窗口

　　② 在"服务器名称"文本框中输入本地计算机名称(本实验指导书中涉及的本地计算机名称为 HY-PC\SERVER),也可以从"服务器名称"下拉列表中选择"浏览更多"选项,如图 1.1.4 和图 1.1.5 所示。

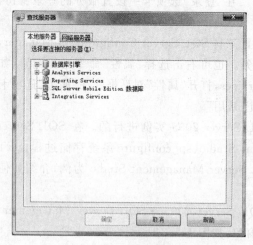

图 1.1.4 "本地服务器"选项窗口

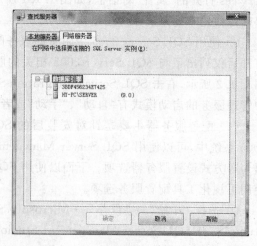

图 1.1.5 "网络服务器"选项窗口

③ 选择完成后,单击"连接"按钮(见图 1.1.3),则服务器 HY-PC\SERVER 在"对象资源管理器"中连接成功,如图 1.1.6 所示。

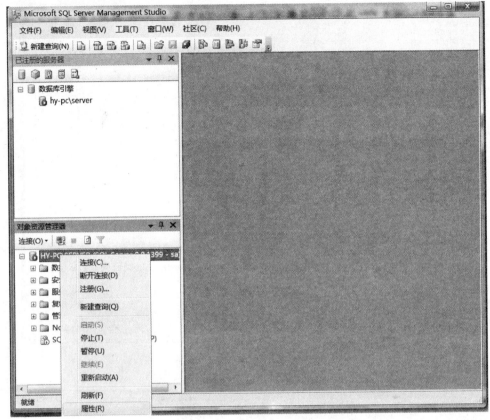

图 1.1.6　SQL Server Management Studio 窗口

④ 连接服务器成功后,右击"对象资源管理器"中要设置的服务器名称,从弹出菜单中选择"属性"命令。从打开的"服务器属性"窗口中可以看出共包含了 8 个选项。其中"常规"选项界面列出了当前服务器产品名称、操作系统名称、平台名称、版本号、使用语言、当前服务器的内存大小、处理器数量、SQL Server 安装的目录、服务器的规则以及是否群集化等信息,如图 1.1.7 所示。

2)"联机丛书"

SQL Server"联机丛书"提供了对 SQL Server 2005 文档和帮助系统所作的改进,这些文档可以帮助用户了解 SQL Server 2005 以及如何实现数据管理和商业智能项目,如图 1.1.8所示。

SQL Server 2005"联机丛书"界面,它主要在以下几个方面进行了增进和改进:

- 新的帮助查看器:SQL Server 2005 联机丛书的帮助查看器是基于 Visual Studio 2005 中引入的帮助查看器技术的。这样,就将 SQL Server 2005 开发人员的帮助体验和他们在 Visual Studio 中的帮助体验整合在一起。

- 新教程:"SQL Server 2005 联机丛书"还包括一些新教程,帮助用户了解 SQL Server 功能并使他们很快就可以高效地使用该产品。

*SQL Server 2005 常用服务*

6

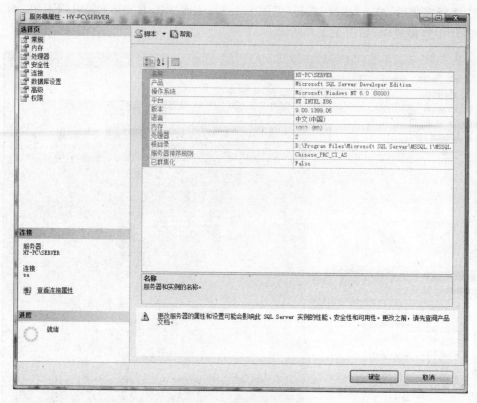

图 1.1.7 "服务器属性"界面

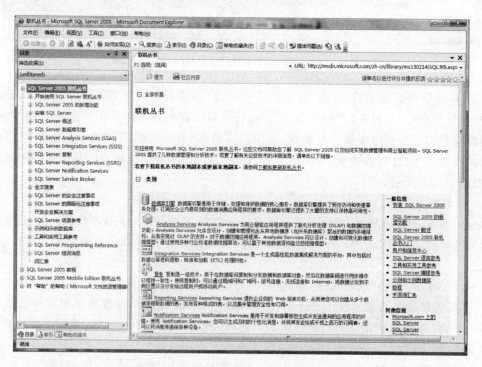

图 1.1.8 "SQL Server 2005 联机丛书"界面

- 基于角色的导航:"联机丛书"的内容是针对 5 种不同角色的人群编写的,即结构设计员、管理员、开发人员、信息工作者和分析人员。

3) SQL Server Management Studio

Microsoft SQL Server Management Studio 是为 SQL Server 数据库管理员和开发人员提供的新工具。此工具由 Microsoft Visual Studio 内部承载,它提供了用于数据库管理的图形工具和功能丰富的开发环境。

Microsoft SQL Management Studio 将 SQL Server 2000 企业管理器、Analysis Manager 和 SQL 查询分析器的功能集于一身,还可用于编写 MDX、XMLA 和 XML 语句。Microsoft SQL Server Management Studio 将各种图形化工具和多功能的脚本编辑组合在一起,大大方便了技术人员和数据库管理员对 SQL Server 系统的各种访问。用户从"开始"菜单上选择"程序"→ Microsoft SQL Server 2005→SQL Server Management Studio,打开 SQL Server Management Studio 窗口,并使用 Windows 或 SQL Server 身份验证建立连接,如图 1.1.9 所示。

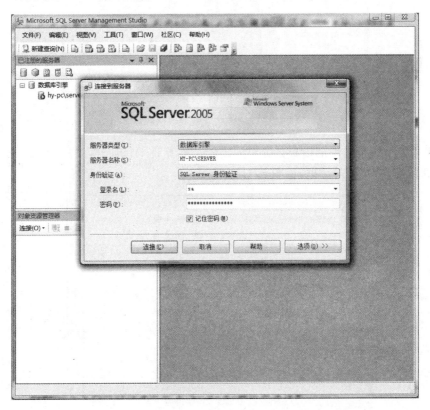

图 1.1.9　SQL Server Management Studio 窗口

4) 模板的使用

Microsoft SQL Server Management Studio 提供了大量脚本模板,其中包含了许多常用任务的 Transact-SQL 语句。这些模板包含用户提供的值(如表名称)的参数。使用该参数,可以只输入一次名称,然后自动将该名称复制到脚本中所有必要的位置;可以编写自己的自定义模板,以支持频繁编写的脚本;也可以重新组织模板树,移动模板或创建新文件夹以保存模板。在以下步骤中,将使用模板创建一个数据库,并指定排序规则模板。

*SQL Server 2005 常用服务*

① 在 SQL Server Management Studio 界面中,在菜单栏中选择"视图"→"模板资源管理器",弹出模板资源管理器面板,如图 1.1.10 所示。

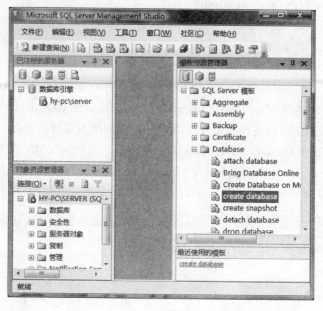

图 1.1.10　模板资源管理器面板

② 模板资源管理器中的模板是分组列出的。展开 Database,再双击 create database,弹出"连接到数据库引擎"对话框,如图 1.1.11 所示。

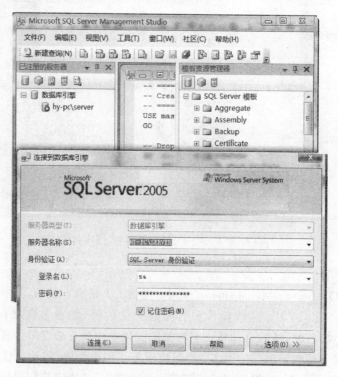

图 1.1.11　"连接到数据库引擎"对话框

③ 单击"连接"按钮,此时将打开一个新查询编辑器窗口,其中包含"创建数据库"模板的内容。

④ 在菜单栏中选择"查询"→"指定模板参数值",弹出"指定模板参数的值"对话框,在这里设置其值为 test,如图 1.1.12 所示。

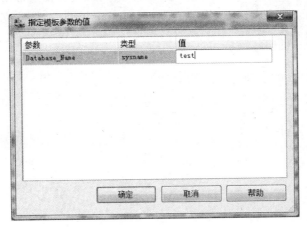

图 1.1.12　"指定模板参数的值"对话框

⑤ 单击"确定"按钮,这样就把 test 插入到模块中,如图 1.1.13 所示。

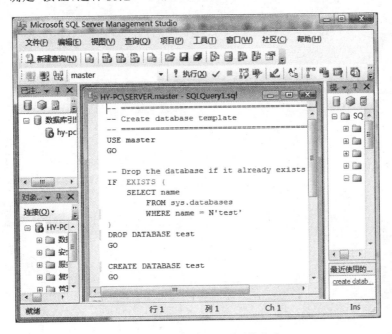

图 1.1.13　把 test 插入到模块中

⑥ 注意 test 插入脚本中的几个位置。

**4. 注意事项**

(1) 在"连接到服务器"对话框中,可以设置连接到的服务器名称,要注意到两种身份登录的设置。

（2）Microsoft SQL Server Management Studio 提供了大量脚本模板，其中包含了许多常用任务的 Transact-SQL 语句。也可以编写自己定义的模板。

**5. 思考题**

（1）Microsoft SQL Server Management Studio 可以进行哪些常用的操作？如何操作？

（2）Microsoft SQL Server Management Studio 提供的脚本模板中包含了哪些 Transact-SQL 语句？

# 实验二　　数据库的创建与管理

## 1. 实验目的

熟练掌握和使用 SQL Server Management Studio、Transact-SQL 语句创建和管理数据库,并学会使用 SQL Server 查询分析器接收 Transact-SQL 语句和进行结果分析。

## 2. 实验内容

(1) 创建数据库。

(2) 查看和修改数据库的属性。

(3) 修改数据库的名称。

(4) 删除数据库。

## 3. 实验步骤

1) 创建数据库

(1) 使用 SQL Server Management Studio 创建数据库的步骤如下:

① 在"开始"菜单中选择"程序"→ Microsoft SQL Server 2005→SQL Server Management Studio。

② 单击 SQL 服务器前面的＋号,然后选中"数据库"文件夹,右击,在弹出的快捷菜单上选择"新建数据库"选项,如图 1.2.1 所示。

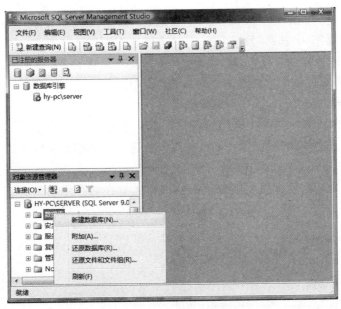

图 1.2.1　数据库右键菜单

③ 在"新建数据库"对话框中可以输入数据库名称,并且可以设置数据库文件的组成文件:数据文件和事务日志(本试验指导书中所用的数据库名称为"学生选课")。

④ 设置好数据库名后,还可以修改数据库的数据文件的文件名、初始大小、保存位置。修改数据文件的文件名与初始大小,只需在对应的文件框中单击,就可以进行编辑,例如本例中把初始数据文件的大小变成 4MB,存储位置设置为 E:\SQL Server 2005,如图 1.2.2 所示。

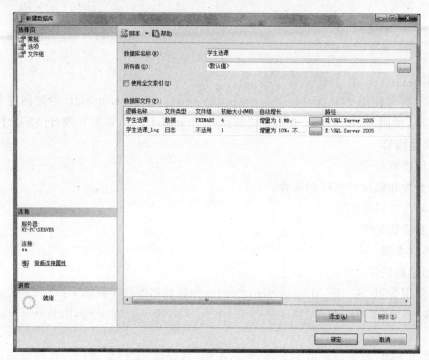

图 1.2.2　修改数据文件的大小及数据库存储位置

⑤ 单击"确定"按钮,就可以创建"学生选课"数据库。在 SQL Server Management Studio 窗口中出现"学生选课"数据库标志,这表明建库工作已经完成。

**说明**:由于文件能自动增长,所以初始大小不要设置得太大,一般不设置到最大值,考虑到硬盘的大小,所设的值一定要小于所在盘的大小。

(2) 使用 Transact-SQL 语句创建数据库。

假设在 E:\SQL Server 2005 建立数据库"学生选课"。

单击常用工具栏的按钮"新建查询",就可以新建一个数据库引擎查询文档,如图 1.2.3 所示。

利用代码创建指定数据库文件位置的数据库需要在数据库引擎查询文档中输入如下代码:

```
create database 学生选课
  on primary
  (
    name = 学生选课,
    filename = 'E:\SQL Server 2005\学生选课_data.mdf',
    size = 4MB,
```

```
        maxsize = 10MB,
        filegrowth = 1MB
      )
log on
    (
        name = 学生选课_log,
        filename = 'E:\SQL Server 2005\学生选课_log.ldf',
        size = 1MB,
        maxsize = 6MB,
        filegrowth = 1 %
    )
```

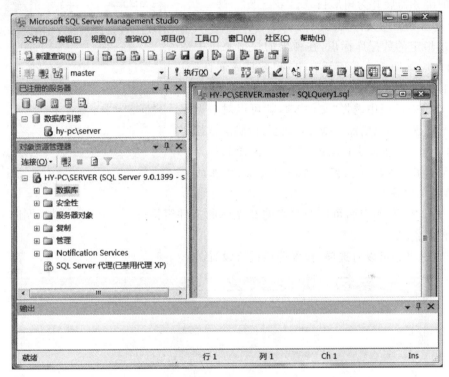

图 1.2.3　新建查询

　　说明：on()是数据文件的描述，使用 primary 表示创建的是主数据文件，而 log on()是事务日志的描述。数据文件和事务日志都有 5 项参数，具体意义如下：

- name：逻辑文件名，符合标识符的命名规则，在修改数据库文件时要利用它指定要修改的数据库文件。
- filename：数据库文件要保存的路径及文件名。
- size：初始数据库文件的大小。
- maxsize：数据库文件的最大值。
- filegrowth：数据库文件的自动增长率，可以是百分比，也可以是具体的值。

SQL 语句不区分大小写，每一项的分隔符是"逗号"，最后一项没有逗号。

　　正确输入后，按 F5 键或单击"执行"按钮，就可以执行该 SQL 语句，创建指定数据库文件位置的数据库。

13

*数据库的创建与管理*

14

2）查看和修改数据库属性

对已经建好的数据库，有时还需要对它的属性参数进行查看和修改。

（1）使用 SQL Server Management Studio 查看和修改数据库属性。

使用 SQL Server Management Studio 查看和修改数据库属性的步骤如下：

① 启动 SQL Server Management Studio，使数据库所在的服务器展开为树形目录。

② 单击数据库文件夹前面的＋号，使之展开；用鼠标右击指定的数据库标识，在弹出的快捷菜单中选择"属性"项，如图 1.2.4 所示。出现"数据库属性"对话框，如图 1.2.5 所示。

③ 在该对话框中选择"文件"项，就可以对数据库文件进行修改。可以增加数据文件，也可以删除数据文件，还可以修改数据库文件的逻辑名、大小、增长率。

**说明**：不可以修改数据库文件的类型、所在的文件组、路径及文件名。

图 1.2.4  右键菜单

④ 选择"文件组"项，可以查看当前数据库的文件组情况，并且可以增加、删除文件组，修改文件组信息。

⑤ 在这里还可以对选项、权限等项进行设置。

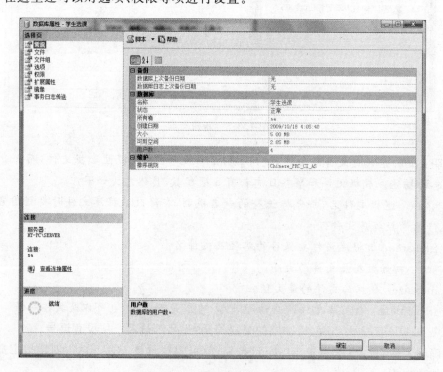

图 1.2.5  "数据库属性"对话框

（2）使用 Transact-SQL 语句修改数据库属性。

① 增加数据文件。例如，在数据库"学生选课"中增加数据文件 xs_data，需要在数据库引擎查询文档中输入代码：

```
alter database 学生选课
add file
(
  name = xs_data,
  filename = 'E:\SQL Server 2005\xs_data.mdf',
  size = 3
)
```

在增加数据文件前，要先获得修改权限，即 alter database 数据库名，然后再添加数据文件。具体参数也有 5 项，与创建数据文件相同。在添加数据文件项中，name 项是必不可少的。

正确输入后，按 F5 键或单击"执行"按钮就可以执行该 SQL 语句，这样就给数据库学生管理增加了一个新的数据文件。

② 增加日志文件。在数据库"学生选课"中增加事务日志文件 xs_log，在数据库引擎查询文档中输入代码：

```
alter database 学生选课
add log file
(
  name = xs_log,
  filename = 'E:\SQL Server 2005\xs_log.mdf',
  filegrowth = 10 %
)
```

增加日志文件与增加数据文件的方法相同，唯一不同的是，数据文件是 add file，而日志文件是 add log file。

正确输入后，按 F5 键或单击"执行"按钮就可以执行该 SQL 语句，这样就给数据库"学生选课"增加了一个新的事务日志文件。

③ 修改数据库文件。例如，修改数据库"学生选课"中的日志文件的初始大小和最大值，在数据库引擎查询文档中输入代码：

```
alter database 学生选课
modify file
(
  name = xs_log,
  size = 3,
  maxsize = 5
)
```

在修改数据库文件前，要先用 alter database 数据库名获得修改权限，然后再修改数据库文件，代码是 modify file。还要注意要修改哪个数据库文件，用 name 属性指定，可以修改数据库文件的大小、最大值、增长率等属性。修改数据库的数据文件与事务日志文件代码是相同的。

正确输入后,按 F5 键或单击"执行"按钮就可以执行该 SQL 语句,这样就修改了数据库"学生选课"的 xs_log 文件。

④ 删除数据文件。例如,删除"学生选课"数据库中的 xs_log 日志文件,需要在数据库引擎查询文档中输入代码:

```
alter database 学生选课
remove file xs_log
```

在删除数据文件前,要先获得权限,即 alter database 数据库名,然后再删除数据文件,代码是 remove file xs_log。

正确输入后,按 F5 键或单击"执行"按钮就可以执行该 SQL 语句,这样就删除了数据库"学生选课"的数据文件 xs_log。

3) 更改数据库名称

(1) 使用 SQL Server Management Studio 修改数据库名称。

在"对象资源管理器"窗口中,右击需要改名的数据库,从弹出的快捷菜单中选择"重命名"命令。当数据库名称处于可编辑状态时,输入新名即可。

(2) 利用 Transact-SQL 语句修改数据库名称。

修改数据库名称语句的语法格式为:

```
alter database 原数据库名称
modity name = 新数据库名称
```

4) 数据库删除

图 1.2.6　快捷菜单

数据库删除方法有两种:一是利用 SQL Server Management Studio 直接删除,二是利用代码进行删除。

(1) 使用 SQL Server Management Studio 删除数据库。

进入 SQL Server Management Studio 界面后,进行如下操作:

① 右击要删除的数据库,在弹出的快捷菜单中选择"删除"命令,如图 1.2.6 所示。

② 单击"删除"命令,就会弹出如图 1.2.7 所示的"删除对象"对话框。在该对话框中单击"确定"按钮。

(2) 利用 Transact-SQL 语句删除数据库。

在实际编程中一般都是利用代码来删除数据库,具体步骤如下:

① 在数据库引擎查询文档中输入如下代码:

```
drop database 学生选课
```

② 正确输入后,按 F5 键或单击"执行"按钮执行该 SQL 语句,这样就删除了数据库"学生选课"。

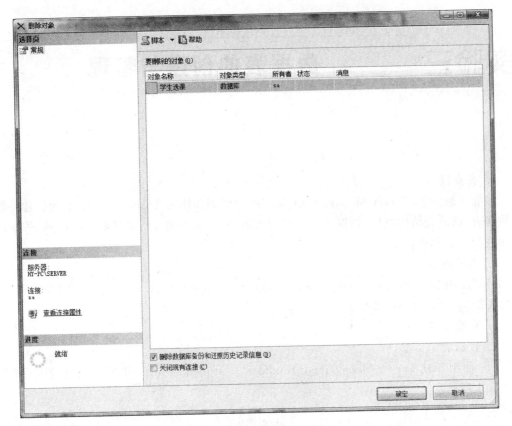

图 1.2.7 "删除对象"对话框

### 4. 注意事项

(1) 在创建大型数据库时,尽量把主数据文件和事务日志文件放在不同路径下,这样能够提高数据读取的效率。

(2) 更改数据库名称只是更改了数据库的物理名称,但不会更改数据库的逻辑名称,即主数据文件的名称。

### 5. 思考题

(1) SQL Server 2005 物理数据库包含了哪几种类型的文件?

(2) 在 SQL Server 2000 中数据文件的大小只能变大,不能变小,而在 SQL Server 2005 中是否有这样的规定?

数据库的创建与管理

# 数据表的创建与管理

**1. 实验目的**

熟练掌握 SQL Server Management Studio 的使用和使用 Transact-SQL 语句创建并删除数据表、修改表结构,更新数据。学会使用 SQL Server 查询分析器接收 Transact-SQL 语句并进行结果分析。

**2. 实验内容**

分别使用 SQL Server Management Studio 和 Transact-SQL 语句创建和删除数据表,修改表结构,输入并更新数据。

**3. 实验步骤**

1) 数据表定义

(1) 使用 SQL Server Management Studio 建立 student、course 和 SC 三个表,其结构如图 1.3.1 所示。

| student(学生) | | | | |
|---|---|---|---|---|
| 列名 | 描述 | 数据类型 | 允许空值 | 说明 |
| Sno | 学号 | char(8) | No | 主键 |
| Sname | 姓名 | char(8) | No | |
| Age | 年龄 | int | Yes | |
| Sex | 性别 | char(2) | Yes | |
| Dept | 所在系 | varchar(50) | Yes | |

(a) student 表

| course(课程) | | | | |
|---|---|---|---|---|
| 列 | 描述 | 数据类型 | 允许空值 | 说明 |
| cno | 课程号 | char(4) | No | 主键 |
| cname | 课程名 | char(20) | No | |
| credit | 学分 | float | Yes | |
| pcno | 先行课 | char(4) | Yes | |
| describe | 课程描述 | varchar(100) | Yes | |

(b) course 表

| SC(选课) | | | | |
|---|---|---|---|---|
| 列 | 描述 | 数据类型 | 允许空值 | 说明 |
| sno | 学号 | char(8) | No | 主键(同时都是外键) |
| cno | 课程号 | char(4) | No | |
| grade | 成绩 | float | Yes | |

(c) SC 表

图 1.3.1 数据表结构图

具体步骤如下：

① 在 SQL Server Management Studio 的对象管理器中，单击数据库前面的＋号，右击选中的表，在弹出的快捷菜单中选择"新建表"命令，则进入设计表字段对话框，如图 1.3.2 所示。

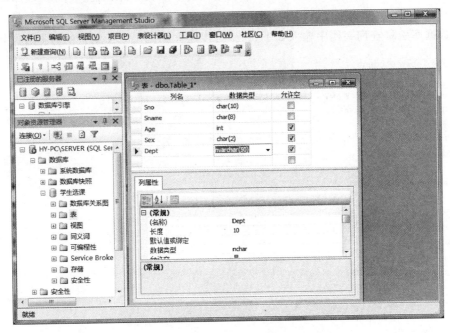

图 1.3.2　设计字段对话框

② 在设计表字段对话框中，共有 3 列参数：列名、数据类型、允许空。列名就是数据库表的字段名，而数据类型是字段值的类型即整型、字符型、日期时间型等，允许空是用来设置该字段中的值能不能不填写。

③ 设计好表的字段后，单击"关闭"按钮，弹出是否要保存更改的提示对话框，如图 1.3.3 所示。

图 1.3.3　是否要保存更改提示对话框

数据表的创建与管理

④ 单击"是"按钮,弹出选择名称提示对话框,在这里命名为 student,单击"确定"按钮,则建立好了 student 表。

用同样方法,可以建立起如图 1.3.1 中表结构的 course 和 SC 表。

(2) 利用 Transact-SQL 语句建立 student、course、SC 三个数据表。

在数据库引擎查询文档中输入如下代码,可以建立如图 1.3.1 结构的数据表结构。

```
Create Table student
(
    sno char(8) primary key ,
    sname char(8) not null,
    age int,
    sex char(2),
    dept varchar(50)
);
Create table course
(
    cno char(4) primary key,
    cname char(20) not null,
credit float,
pcno varchar(20),
describe varchar(100)
);
Create table SC
(
    sno char(8),
    cno char(4),
    grade float,
    primary key (sno,cno),
    foreign key (sno) REFERENCES student(sno),
    foreign key (cno) REFERENCES course(cno)
);
```

2) 数据输入和更新

(1) 使用 SQL Server Management Studio 直接输入和修改数据。

表 1.3.1～表 1.3.3 分别是数据库"学生选课"的三个表中的数据。

**表 1.3.1  学生表 student 数据**

| Sno | Sname | Age | Sex | Dept |
|---|---|---|---|---|
| 09001101 | 张林 | 18 | 男 | 计算机系 |
| 09001102 | 程明 | 18 | 男 | 计算机系 |
| 09001103 | 王艳 | 19 | 女 | 计算机系 |
| 09001104 | 严平平 | 20 | 女 | 计算机系 |
| 09001105 | 王洪敏 | 19 | 女 | 信息管理系 |
| 09001106 | 孙祥新 | 18 | 男 | 信息管理系 |
| 09001107 | 吕占英 | 19 | 女 | 信息管理系 |
| 09001108 | 李义 | 19 | 男 | 机械工程系 |
| 09001109 | 牟万里 | 18 | 男 | 机械工程系 |
| 09001110 | 刘丽霞 | 20 | 女 | 机械工程系 |

表 1.3.2　选课表 sc 数据

| 09001101 | 0101 | 68 | 09001106 | 0301 | 87 |
| 09001101 | 0206 | 76 | 09001108 | 0101 | 68 |
| 09001103 | 0101 | 62 | 09001109 | 0212 | 88 |
| 09001106 | 0209 | 75 | 09001109 | 0302 | 76 |
| 09001106 | 0210 | 77 | 09001110 | 0101 | 66 |
| 09001106 | 0212 | 75 |  |  |  |

表 1.3.3　课程表 course 数据

| Cno | Cname | Credit | Pcno | Describe |
| --- | --- | --- | --- | --- |
| 0101 | 计算机基础 | 5 | 0101 | 可自学 |
| 0102 | C++程序设计 | 4 |  | 可自学 |
| 0206 | 离散数学 | 4 | 0102 | 可自学 |
| 0208 | 数据结构 | 4 | 0101 | 可自学 |
| 0209 | 操作系统 | 4 | 0101 | 可自学 |
| 0210 | 微机原理 | 5 | 0101 | 可自学 |
| 0211 | 图形学 | 3 | 0102 | 可自学 |
| 0212 | 数据库原理 | 4 | 0102 | 可自学 |
| 0301 | 计算机网络 | 3 | 0102 | 可自学 |
| 0302 | 软件工程 | 3 | 0102 | 可自学 |

以向 student 表中输入数据为例,直接输入数据的步骤如下:

① 单击数据库前面的＋号,然后再单击"学生选课"数据库前面的＋号,再选择 student 表,右击,在弹出的快捷菜单中选择"打开表",这时会弹出如图 1.3.4 所示的表。

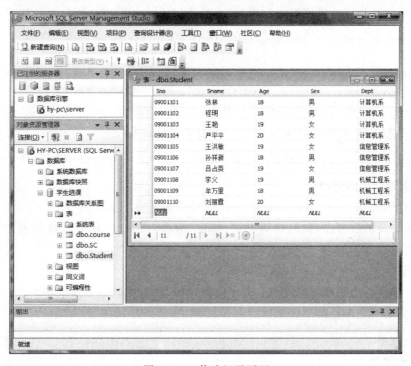

图 1.3.4　修改记录页面

数据表的创建与管理

② 向数据库表 student 表中添加记录。在添加记录时,要注意各属性字段的数据类型,输入一项后,按键盘上的 Tab 键,可以实现活动单元格的移动。

③ 如果要删除记录,只需选择行头,然后单击右键,在弹出的快捷菜单中选择"删除"命令,弹出删除提示对话框,单击"是"按钮,就可以删除选择的记录。

④ 如果要修改某条记录,选择该记录所对应的字段项就可以直接修改,如图 1.3.4 所示。

(2) 使用 Transact-SQL 语句向数据表中插入和更新数据。

向数据表 student 中插入记录('09001121','吕淑霞',19,'女','计算机系'),则在数据库引擎查询文档中输入如下代码:

```
Insert into student(sno, sname, age, sex, dept)
Values('09001121', '吕淑霞', 19, '女', '计算机系')
```

上述代码利用插入语句向数据表 student 中插入了一条记录。插入语句的语法结构是:

```
insert into   表名(字段名 1, 字段名 2, … ) valuses(字段值 1, 字段值 2, …)
```

使用插入语句时要注意以下几点:

- 字段名的个数要与字段值的个数相同。
- 在插入时,字段名与字段值按对应位置进行插入,所以字段值的类型要与字段名的数据类型相同。
- 如果字段名允许为空,则可以用 NULL 代替没有填写的项。在这里要注意允许为空的含义,允许为空是指该字段值存在,但现在不知道。

正确输入后,按 F5 键或单击"执行"按钮执行该 SQL 语句,这样就可以向数据表插入数据了。

例如,张林选修了微机原理这门课,期末的考试成绩为 95 分,SQL 语句如下:

```
Insert into sc(sno, cno, grade) value('09001101', '0210', 95)
```

或:

```
Insert into sc(sno, cno) values ('09001101', '0210')
Update sc set grade = 95 where sno = '09001101' and cno = '0210'
```

例如,在表 sc 中删除学号为 09001101 和课号 0210 的记录。

```
Delete from sc where sno = '09001101' and cno = '0210'
```

### 4. 数据表结构的修改

1) 使用 SQL Server Management Studio 修改表结构

右击要修改的数据表,弹出快捷菜单,选定"修改"命令,出现修改数据表结构界面,如图 1.3.5 所示。

2) 使用 Transact-SQL 语句修改表结构

先打开表所在的数据库,再使用 alter 语句增加、修改或删除字段信息。

例如,为学生表中年龄字段增加约束,限制年龄至少要 15 岁。

```
use 学生选课
alter table student
add constraint age check(age > 15)
```

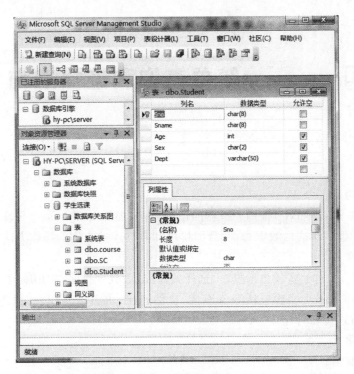

图 1.3.5　修改表结构页面

例如,在学生表中增加班级字段为字符型,长度为 50。

```
use 学生选课
alter table student
add class varchar(50)
```

例如,修改学生表中的班级字段的长度为 20。

```
use 学生选课
alter table student
alter column class varchar(20)
```

例如,删除学生表中的班级字段。

```
use 学生选课
alter table student
drop column class
```

**5. 注意事项**

(1) 输入数据时要注意数据类型、主键和数据约束的限制。

(2) 数据更改和数据删除时要注意外键约束。

**6. 思考题**

(1) 数据库中一般不允许更改主键数据。如果需要更改主键数据时,应怎样处理?

(2) 为什么不能随意删除被参照表中的主键?

实
验
三

数据表的创建与管理

# 实验四 简单查询和连接查询

**1. 实验目的**

使学生掌握 SQL Server 查询分析器的使用方法,加深对 Transact-SQL 语言查询语句的理解。熟练掌握简单表的数据查询、数据排序和数据连接查询的操作方法。

**2. 实验内容**

(1) 简单查询操作:实验包括投影、选择条件表达、数据排序、使用临时表等。

(2) 连接查询操作:实验包括等值连接、自然连接、求笛卡儿积、一般连接、外连接、内连接、左连接、右连接和自连接等。

**3. 实验步骤**

1) 简单查询实验

用 Transact-SQL 语句表示下列操作,在"学生选课"数据库中实现其数据查询操作:

(1) 查询数学系学生的学号和姓名。

(2) 查询选修了课程的学生学号。

(3) 查询选修课程号为 0101 的学生学号和成绩,并要求对查询结果按成绩降序排列,如果成绩相同则按学号升序排列。

(4) 查询选修课程号为 0101 的成绩在 80~90 分之间的学生学号和成绩,并将成绩乘以系数 0.8 输出。

(5) 查询数学系或计算机系姓张的学生的信息。

(6) 查询缺少了成绩的学生的学号和课程号。

2) 连接查询实验

用 Transact-SQL 语句表示,并在"学生选课"数据库中实现下列数据连接查询操作:

(1) 查询每个学生的情况以及他(她)所选修的课程。

(2) 查询学生的学号、姓名、选修的课程名及成绩。

(3) 查询选修离散数学课程且成绩为 90 分以上的学生学号、姓名及成绩。

(4) 查询每一门课的间接先行课(即先行课的先行课)。

**4. 注意事项**

(1) 查询结果的几种处理方式。

(2) 内连接、左外部连接和右外部连接的含义及表达方法。

(3) 输入 SQL 语句时应注意,语句中均使用西文操作符号。

**5. 思考题**

(1) 用 Transact-SQL 语句查询时,如何提高数据查询和连接速度?

(2) 对于常用的查询形式或查询结果,怎样处理较好?

# 实验五 嵌套查询

## 1. 实验目的

使学生进一步掌握 SQL Server 查询分析器的使用方法,加深 Transact-SQL 语言的嵌套查询语句的理解。

## 2. 实验内容

在 SQL Server 查询分析器中使用 IN、比较符、ANY 或 ALL 和 EXISTS 操作符进行嵌套查询操作。

## 3. 实验步骤

用 Transact-SQL 语句表示,在学生选课库中实现其数据嵌套查询操作:

(1) 查询选修了离散数学的学生学号和姓名。

(2) 查询 0101 课程的成绩高于张林的学生学号和成绩。

(3) 查询其他系中年龄小于计算机系年龄最大者的学生。

(4) 查询其他系中比计算机系学生年龄都小的学生。

(5) 查询同王洪敏数据库原理课程分数相同的学生的学号。

(6) 查询选修了 0206 课程的学生姓名。

(7) 查询没有选修 0206 课程的学生姓名。

(8) 查询选修了全部课程的学生的姓名。

(9) 查询与学号为 09001103 的学生所选修的全部课程相同的学生学号和姓名。

(10) 查询至少选修了学号为 09001103 的学生所选修的全部课程的学生学号和姓名。

## 4. 注意事项

(1) 嵌套查询中子查询和父查询的执行次序。

(2) 相关子查询和不相关子查询的区别。

(3) 语句的层次嵌套关系和括号的配对使用问题。

## 5. 思考题

(1) 哪些类型的嵌套查询可以用连接查询表示?

(2) 嵌套查询具有何种优势?

(3) 试用多种形式表示实验中的查询语句,并进行比较。

# 实验六 组合查询和统计查询

## 1. 实验目的

熟练掌握 SQL Server 查询分析器的使用方法,加深对 Transact-SQL 语言的查询语句的理解。熟练掌握数据查询中的分组、统计、计算和组合的操作方法。

## 2. 实验内容

(1) 分组查询实验。该实验包括分组条件表达、选择组条件的表达方法。

(2) 使用函数查询的实验。该实验包括统计函数和分组统计函数的使用方法。

(3) 组合查询实验。

(4) 计算和分组计算查询的实验。

## 3. 实验步骤

在学生选课数据库中实现其查询操作:

(1) 查找选修"计算机基础"课程的学生成绩比此课程的平均成绩大的学生学号,成绩。

(2) 查询选修计算机基础课程的学生的平均成绩。

(3) 查询年龄大于女同学平均年龄的男同学姓名和年龄。

(4) 列出各系学生的总人数,并按人数进行降序排列。

(5) 统计各系各门课程的平均成绩。

(6) 查询选修计算机基础和离散数学的学生学号和平均成绩。

## 4. 注意事项

(1) 子句 WHERE(条件)表示元组筛选条件,子句 HAVING(条件)表示组选择条件。

(2) 组合查询的子句间不能有语句结束符。

(3) 子句 HAVING(条件)必须和 GROUP BY(分组字段)子句配合使用。

## 5. 思考题

(1) 组合查询语句是否可以用其他语句代替? 有什么不同?

(2) 使用 GROUP BY(分组条件)子句后,语句中的统计函数的运行结果有什么不同?

# 实验七　视图、索引与数据库关系图

## 1. 实验目的

使学生掌握 SQL Server 中的视图创建、查看、修改和删除的方法；索引的创建和删除的方法；数据库关系图的实现方法。加深对视图和 SQL Server 数据库关系图作用的理解。

## 2. 实验内容

（1）创建、查看、修改和删除视图。

（2）创建、删除索引文件。

（3）创建数据库关系图。

## 3. 实验步骤

1）视图操作

（1）创建视图。

使用 SQL Server Management Studio 直接创建，步骤如下：

① 单击数据库前面的＋号，然后再单击"学生选课"数据库前面的＋号，右击"视图"，在弹出的快捷菜单中选择"新建视图"命令，弹出"添加表"对话框，如图 1.7.1 所示。

图 1.7.1　"添加表"对话框

② 在"添加表"对话框中，添加视图数据来源的表，这里添加三张表，分别是 student、course 和 SC 表。添加表后，单击添加表对话框中的"关闭"按钮，出现创建视图界面，如图 1.7.2 所示。

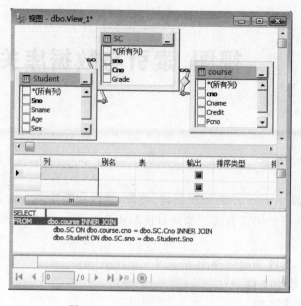

图 1.7.2 添加字段前的效果图

③ 如果要在视图中显示某张表的某个字段,只需单击其字段前的复选框即可,同时在中间列中会显示该字段,在代码区中会看到具体实现的代码。

④ 如果要查看视图,单击常用工具栏中的"执行"按钮,就可以看到视图的数据显示,如由字段 student.sno、sname、cname、grade 生成的视图效果如图 1.7.3 所示。

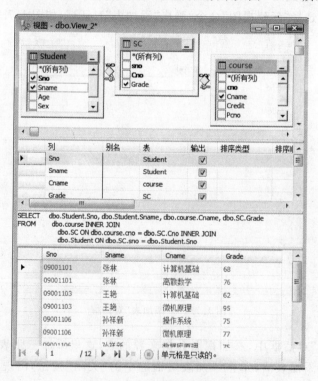

图 1.7.3 生成视图效果图

⑤ 在创建视图中还可以为字段添加列名、进行排序、添加多个筛选条件。

⑥ 单击常用工具栏中的"保存"按钮,就可以弹出保存视图提示对话框,输入视图名字即可,如本例中为 view_stu_grade。

使用 Transact-SQL 语句创建与查看视图,语法格式如下:

```
create view view_name as select_statement
```

例如,根据学生选课数据库中已经建立的 student、course 和 SC 三个表:

```
student(sno,sname,age,sex,dept);
course(cno,cname,credit,pcno,describe);
SC(sno,cno,grade)。
```

如果要在上述三个表的基础上建立一个视图,取名为 view_stu_grade;在数据库引擎查询文档中输入如下代码:

```
create view view_stu_grade
as select student.sno,sname,cname,grade
from student,sc,course
where student.sno = sc.sno and sc.cno = course.cno
```

(2) 修改视图。

视图创建好后,就可以利用它进行查询信息了。如果发现视图的结构不能很好地满足要求,还可以对它进行修改。

使用 SQL Server Management Studio 直接修改,步骤如下:

① 在 SQL Server Management Studio 中,选择服务器、数据库,并使数据库展开,再单击"视图"前面的+,就可以看到已存在的视图了。

② 右击要修改结构的视图,在弹出的视图功能快捷菜单中选择"修改"命令,就可以直接修改了。

使用 Transact-SQL 语句修改视图的语法格式为:

```
alter view view_name as select_statement
```

例如,修改视图 view_stu_grade,使之只显示成绩>80 的记录:

```
alter view view_stu_grade
as select student.sno,sname,cname,grade
from student,sc,course
where student.sno = sc.sno and sc.cno = course.cno and grade > 80
```

(3) 删除视图。

使用 SQL Server Management Studio 直接删除,步骤如下:

① 在 SQL Server Management Studio 中,选择服务器、数据库,并使数据库展开,再单击"视图"前面的+,就可以看到已存在的视图了。

② 右击要删除的视图,在弹出的视图功能菜单中选择"删除"命令,就可以直接删除掉指定的视图。

使用 Transact-SQL 语句删除视图的语法格式为:

```
drop view view_name
```

2）索引文件的创建与删除

索引是一个单独的、物理的数据库结构，是为了加速对表中数据行的查询而创建的一种分散的存储结构。

（1）创建索引文件。

使用 SQL Server Management Studio 直接创建索引文件，步骤如下：

① 单击数据库前面的＋号，然后再单击"学生选课"数据库前面的＋号，再单击表前面的＋号，就可以看到已存在的表了。

② 选定要添加索引的表，如数据表 student。右击，在弹出的快捷菜单中选择"修改"命令，出现如图 1.7.4 所示。

图 1.7.4　修改表界面图

③ 右击任一个字段，在弹出的快捷菜单中选择"索引/键"命令，弹出"索引/键"对话框，如图 1.7.5 所示。

④ 在对话框中单击"添加"按钮，就可以增加一个索引，然后再设置索引所对应的字段及各个属性。

⑤ 假设给 dept 字段添加一个普通索引，单击"添加"按钮后，设置类型为"索引"，再单击列后面的 ⋯ 按钮，弹出"索引列"对话框，如图 1.7.6 所示。

⑥ 设定好后，单击"确定"按钮，返回到"索引/键"对话框。还可以设置索引的标识，本例设置为 IX_dept，如图 1.7.7 所示。

使用 Transact-SQL 语句创建索引文件的语法格式为：

```
create [unique][clustered][nonclustered] index index_name
on [table view](column[asc|desc], … )
```

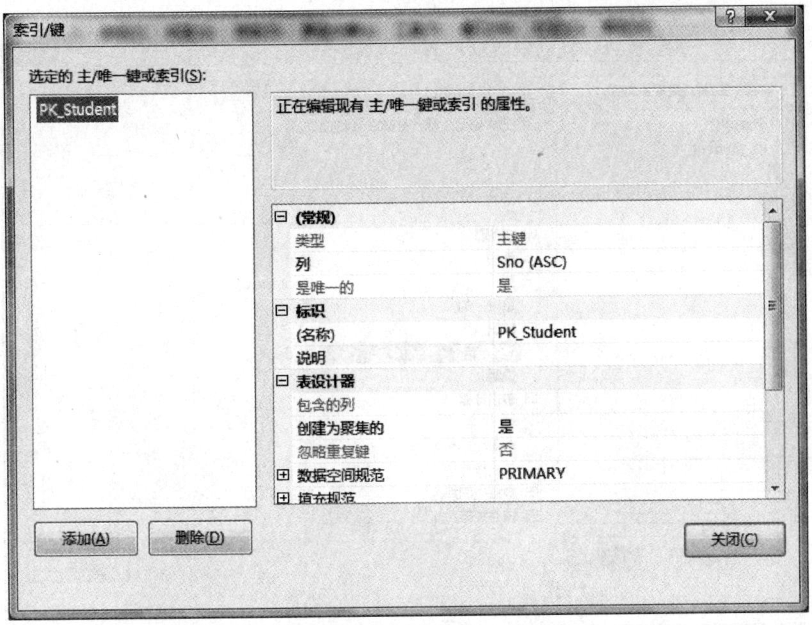

图 1.7.5 "索引/键"对话框

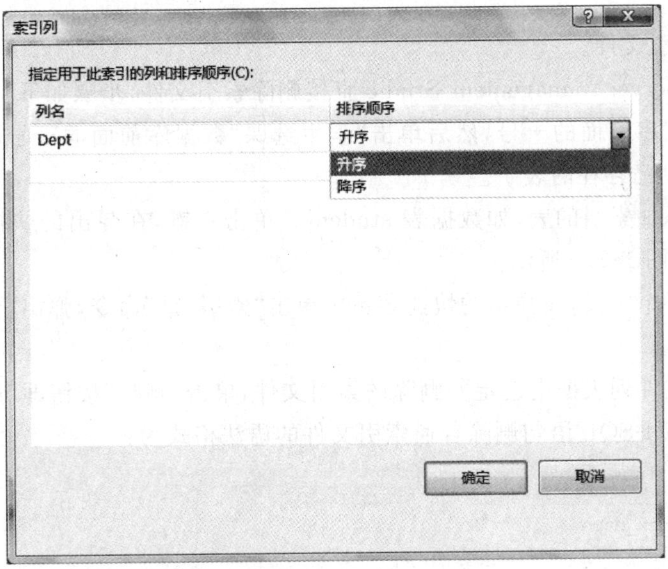

图 1.7.6 "索引列"对话框

例如,创建索引文件 IX_dept,关键字段 dept,升序。

在数据库引擎查询文档中输入如下代码:

```
use 学生选课
create index IX_dept on student(dept)
```

例如,在 student 表中以字段 age 创建索引文件 IX_age,降序。代码如下:

```
create index IX_age on student(age desc)
```

视图、索引与数据库关系图

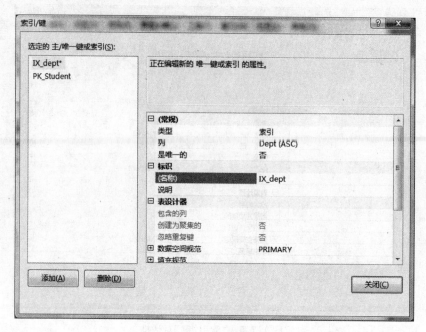

图 1.7.7　设置索引标识

（2）删除索引文件。

使用 SQL Server Management Studio 直接删除索引文件，步骤如下：

① 单击数据库前面的＋号，然后单击"学生选课"数据库前面的＋号，再单击表前面的＋号，就可以看到已存在的表了。

② 选定要添加索引的表，如数据表 student。单击右键，在弹出的快捷菜单中选择"修改"命令，出现如图 1.7.4 所示。

③ 右击任一个字段，在弹出的快捷菜单中单击"索引/键"命令，弹出"索引/键"对话框，如图 1.7.5 所示。

④ 在索引文件列表框中选定要删除的索引文件，单击"删除"按钮即可。

使用 Transact-SQL 语句删除普通索引文件的语法格式为：

```
use 学生选课
drop index index_name
```

使用 Transact-SQL 语句删除主键（索引）的语法格式为：

```
use database_name
alter table table_name
drop index PK_primaey key_1(index_name)
```

使用 Transact-SQL 语句查看索引文件的语法格式为：

```
use database_name
exec sp_helpindex table_name
```

例如，查询 student 表的各索引文件的 Transact-SQL 语句为

```
use 学生选课
exec sp_helpindex student
```

执行后,出现 student 表的所有索引,如图 1.7.8
所示。

（3）创建数据库关系图

如果数据库中的表没有设置主键,那么,用户
可以在关系图中先设置主键然后再建立实体关系。

数据库关系图是数据库架构的图形描述。下
面以创建数据库"学生选课"的关系图为例。具体
步骤如下:

① 打开 SQL Server Management Studio 窗
口,登录服务器类型为"数据库引擎",并建立连接。

② 连接服务器后,依次展开节点"数据库"→
"学生选课",右击"数据库关系图",在弹出的快捷
菜单中,选择"新建数据库关系图"命令。

图 1.7.8　查看表 student 的索引

说明:选择"新建数据库关系图"命令后,如果出现错误提示"此数据库没有有效所有
者,因此无法安装数据库关系图支持对象……",那么,可以在关闭该提示框后,右击数据库
名,选择"属性"命令,再在"数据库属性"窗口的"选项"页面中,设置该数据库的"兼容级别"
模式为 SQL Server 2005(90)。单击"确定"按钮,再新建数据库关系图即可。

③ 在弹出的"添加表"对话框中,选择全部表,单击"添加"按钮。

④ 如果数据库的表中都设有主键,系统会自动地建立表与表之间的关系,如图 1.7.9 所示。

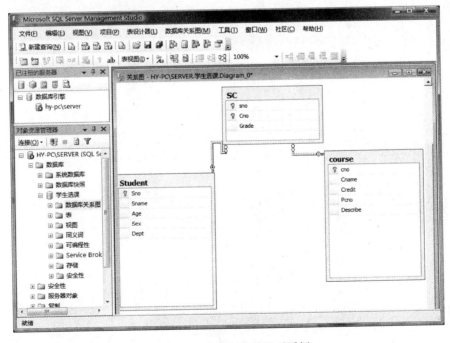

图 1.7.9　表之间连接图对话框

⑤ 关系建立后,单击工具栏上"保存"按钮,在弹出的"选择名称"对话框中输入创建的数据库关系图的名称,单击"确定"按钮即可。

### 4. 注意事项

(1) 参照表和被参照表之间的关系。主键和外键间的关系。

(2) 视图中字段名的重命名问题。

### 5. 思考题

(1) 为什么要建立视图?视图和基本表有什么不同?

(2) 视图和图表有什么不同?

(3) 如何在数据库关系图中删除数据表之间的关系?

# 实验八　游标的使用

## 1. 实验目的

使学生加深对游标概念的理解,掌握游标的定义、使用方法及使用游标修改和删除数据的方法。

## 2. 实验内容

(1) 利用游标逐行显示所查询的数据块的内容。

(2) 利用游标显示指定行的数据的内容。

(3) 利用游标修改和删除指定的数据元组。

## 3. 实验步骤

1) 使用游标逐行显示数据

在 student 表中定义一个包含 sno、sname、age、sex、dept 的只读游标,游标的名称为 cs_cursor,并将游标中的数据逐条显示出来。

(1) 在数据库引擎查询文档中输入如下代码:

```
use 学生选课
declare cs_cursor scroll cursor
    for
        select sno, sname, age, sex, dept
        from student
for read only
open cs_cursor
fetch from cs_cursor
```

(2) 单击"执行"按钮,运行结果如图 1.8.1 所示。

(3) 接着读取游标中的第二行记录,在查询编辑器中输入如下语句:

```
fetch from cs_cursor
```

(4) 连续单击"执行"按钮,就可以逐条显示记录。

(5) 最后关闭游标、释放游标。在查询编辑器的输入窗口输入如下语句:

```
close cs_cursor
deallocate cs_cursor
```

(6) 单击工具栏中的"执行"按钮。

2) 使用游标显示指定行数据

在 student 表中定义一个所在系为"计算机系",包含 sno、sname、sex、age、dept 的游标,

游标的名称为 cs_cursor,完成如下操作:

- 读取第一行数据;
- 读取最后一行数据;
- 读取当前行前面的一行数据;
- 读取从游标开始的第二行数据。

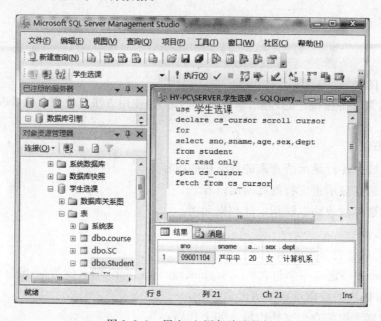

图 1.8.1 用 fetch 语句读取数据

操作步骤如下:

(1)在查询编辑器的输入窗口中输入如下语句:

```
Declare cs_cursor scroll cursor
    for
        select sno,sname,sex,age,dept
        from student
        where dept = '计算机系'
open cs_cursor
fetch first from cs_cursor
```

(2)单击工具栏中的"执行"按钮。

(3)接着读取游标中的最后一行记录,在查询编辑器的输入窗口输入如下语句:

```
fetch last from cs_cursor
```

(4)接着读取游标中当前行前面的一行记录,在查询编辑器的输入窗口输入如下语句:

```
fetch prior from cs_cursor
```

(5)选择工具栏中的"执行"按钮。

(6)接着读取从游标头开始的第二行记录,在查询编辑器的输入窗口输入如下语句:

```
fetch absolute 2 from cs_cursor
```

（7）单击工具栏中的"执行"按钮。

（8）最后关闭游标、释放游标。在查询编辑器的输入窗口输入如下语句：

```
close cs_cursor
deallocate cs_ cursor
```

（9）单击工具栏中的"执行"按钮。

3）利用游标修改数据

在 student 表中定义一个所在系为"计算机系"，包含 sno、sname、sex 的游标，游标的名称为 cs_cursor，将游标中绝对位置为 2 的学生姓名改为"王南"，性别改为"女"。

（1）在查询编辑器的输入窗口中输入如下语句：

```
declare cs_cursor scroll cursor
   for
      select sno, sname, sex
      from student
      where dept = '计算机系'
for Update of sname, sex
open cs_cursor
fetch absolute 2 from cs_cursor
update student
set sname = '王南', sex = '女'
where current of cs_cursor
fetch absolute 2 from cs_cursor
```

（2）单击工具栏中的"执行"按钮，运行结果如图 1.8.2 所示。

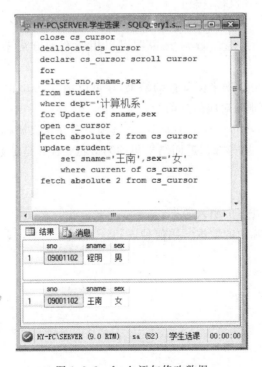

图 1.8.2 fetch 语句修改数据

（3）最后关闭游标、释放游标。在查询编辑器的输入窗口，输入如下语句：

```
close cs_cursor
deallocate cs_cursor
```

（4）单击工具栏中的"执行"按钮。

4）利用游标删除数据

在 student 表中定义一个包含学号、姓名、性别的游标，游标的名称为 cs_cursor，将游标中绝对位置为 2 的学生数据删除。

（1）在查询编辑器的输入窗口输入如下语句：

```
declare cs_cursor scroll cursor
  for
    select sno, sname, sex
    from student
open cs_cursor
fetch absolute 2 from cs_cursor
delect form student
where current of cs_cursor
```

（2）单击工具栏中的"执行"按钮。

（3）最后关闭游标、释放游标。在查询编辑器的输入窗口，输入如下语句：

```
close cs_cursor
deallocate cs_cursor
```

（4）单击工具栏中的"执行"按钮。

**4. 注意事项**

（1）在游标定义中的参数 scroll 是说明可以用所有的方法来存取数据，允许删除和更新。

（2）使用游标不仅可以用来浏览查询结果，还可以用 update 语句修改游标对应的当前行数据或用 delete 语句删除对应的当前行。

（3）prior, first, last, absolute n, relative n 选项只有在定义游标时并使用了 scroll 选项后才可以使用。其中 n 是正数时，返回结果集的第 n 行；若 n 是负数，则返回结果集倒数第 n 行。

**5. 思考题**

（1）为什么在数据处理中引入游标？

（2）如何提取出游标中的数据？用何种语句？

# 存储过程创建与应用

**1. 实验目的**

使学生理解存储过程的概念,掌握创建存储过程的使用、执行存储过程和查看、修改、删除存储过程的方法。

**2. 实验内容**

(1) 创建存储过程。

(2) 修改存储过程。

(3) 调用存储过程。

(4) 删除存储过程。

**3. 实验步骤**

1) 存储过程的创建

存储过程是一系列编辑好的、能实现特定数据操作功能的 SQL 代码集,它与特定的数据库相关联,存储在 SQL Server 服务器上。用户可以像使用自定义函数一样重复调用这些存储过程,实现它所定义的操作。

(1) 存储过程的类型。

存储过程分为 3 类:系统存储过程、用户自定义存储过程和扩展存储过程。

① 系统存储过程主要存储在 master 数据库中并以 sp_为前缀。

② 用户自定义存储过程是由用户创建并能完成某一特定功能(如查询用户所需数据信息)的存储过程,是封装了可重用代码的 SQL 语句模块。

③ 扩展存储过程允许使用高级编程语言(例如 C 语言)创建应用程序的外部例程,从而使得 SQL Server 的实例可以动态地加载和运行 DLL。

(2) 利用 SQL Server Management Studio 模板创建存储过程步骤如下:

① 打开 SQL Server Management Studio 窗口,连接到学生选课数据库。

② 依次展开节点"服务器"→"数据库"→"学生选课"→"可编程性"。

③ 在列表中右击"存储过程"命令,出现快捷菜单,选择"新建存储过程"命令,然后出现如图 1.9.1 所示的"create procedure 语句的模板",可以修改要创建的存储过程的名称,然后加入存储过程所包含的 Transact-SQL 语句。

④ 修改完后,单击执行按钮即可创建一个存储过程。

(3) 利用 Transact-SQL 创建存储过程

一般来说,创建一个存储过程应按照以下步骤进行:

① 在查询编辑器输入窗口输入 Transact-SQL 语句。

② 测试 Transact-SQL 语句是否正确,并能实现功能要求。

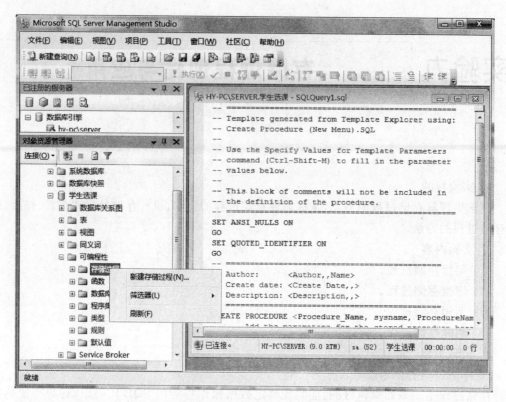

图 1.9.1　创建存储过程界面

③ 若得到的结果数据符合预期要求，则按照存储过程的语法，创建该存储过程。

④ 执行该存储过程，验证其正确性。

使用 Transact-SQL 语句创建存储过程的语法格式：

```
create procedure procedure_name [;number]
[ @parameter data_type [ = default], … ]
as sql_statement
```

**说明：**

- procedure name：给出存储过程名。
- Number：为可选的整数，对同名的存储过程指定一个序号。
- @parameter：为存储过程的形参，@符号作为第一个字符来指定参数名。
- data_type：指出参数的数据类型。
- ＝default：给出参数的默认值。
- sql statement：存储过程所要执行的 SQL 语句，它可以是一组 SQL 语句，可以包含流程控制语句等。

下面实验中都是在如图 1.3.1 数据库"学生选课"中，其表有 student、course、SC 表结构所示，通过 SQL 语句创建一个存储过程。

① 创建名为 student_grade 的存储过程，要求实现如下功能：查询"学生选课"数据库中每个学生各门功能的成绩，其中包括每个学生的 sno、sname、cname、grade，在查询编辑器

输入窗口输入创建该存储过程的语句如下：

```
create procedure student_grade
as
select sno, sname, cname, grade
  from student, course, sc
    where student. sno = sc. sno and sc. cno = course. cno
```

② 创建名为 proc_exp 的存储过程，要求实现如下功能：从 sc 表中查询某一学生考试平均成绩。在查询编辑器输入窗口输入创建该存储过程的语句如下：

```
create procedure proc_exp @ssno char(20)
as
declare @stud_avg(grade) from sc
  where sc. cno = @ssno
```

2）存储过程的修改

修改存储过程 proc_exp，要求实现如下功能：输入学生学号，根据该学生所选课程的平均成绩显示提示信息，即如果平均成绩在 60 分以上，显示"此学生综合成绩合格，成绩为 XX 分"，否则显示"此学生综合成绩不合格，成绩为 XX 分"。在查询编辑器输入窗口输入语句如下：

```
alter procedure proc_exp @ssno char(20)
as
declare @savg int
select @savg = avg(grade) from sc
where sc. sno = @ssno
if @savg > 60
    print '此学生综合成绩合格,成绩为' + convert(char(2),@savg) + '分'
else
    print '此学生综合成绩不合格,成绩为' + convert(char(2),@savg) + '分'
```

3）存储过程的调用

存储过程的调用语句为：

```
exec procedure_name
```

（1）下面实验是先创建一个存储过程，然后再调用它。

创建名为 proc_add 的存储过程，要求实现如下功能：向 sc 表中添加学生成绩记录。在查询编辑器输入窗口输入创建该存储过程的语句如下：

```
create procedure proc_add(@ssno char(20),@ccno char(4),@score int)
as
insert into sc
value (@ssno,@ccno,@score)
```

调用存储过程 proc_add，向"成绩"表中添加学生成绩记录。在查询编辑器输入窗口输入语句如下：

```
exec proc_add '09001117','0206',84
exec proc_add '09001117','0212',78
```

（2）调用存储过程 proc_exp，输入学生学号 09001117，显示学生综合成绩是否合格。在查询编辑器输入窗口输入语句如下：

```
exec proc_exp '09001117'
```

4）存储过程的删除

存储过程的删除语句为：

```
drop procedure procedure_name
```

删除存储过程 proc_exp 和存储过程 proc_add。在查询编辑器输入窗口输入语句如下：

```
drop procedure proc_exp
drop procedure proc_add
```

**4. 注意事项**

（1）存储过程存储在 SQL Server 2005 服务器上，是一种有效的封装重复性的方法，它还支持用户变量、条件执行和其他强大的编辑功能。

（2）存储过程在经过第一次调用以后，就驻留在内存中，不必再经过编译和优化，所以执行速度很快。

（3）如果执行的存储过程将调用另一个存储过程，则被调用的存储过程可以访问由第一个存储过程创建的所有对象，包括临时表在内。

**5. 思考题**

（1）存储过程有哪些主要的优点？

（2）存储过程的创建有哪两种方法？比较它们的优缺点。

# 实验十　数据库的安全性

## 1. 实验目的

使学生加深对数据库安全性的理解,并掌握 SQL Server 中有关用户、角色及操作权限的管理方法,学会分别使用 SQL Server Management Studio 和使用 Transact-SQL 语句创建与管理登录账户。

## 2. 实验内容

(1) 在 SQL Server Management Studio 中使用 Transact-SQL 语句创建新账户和数据库用户。

(2) 在 SQL Server Management Studio 中使用 Transact-SQL 语句创建数据库用户、定义数据库角色及授予权限。

## 3. 实验步骤

1) 创建新账户和用户

(1) SQL Server Management Studio 创建新账户。

首先创建一个 Windows 登录用户 login,密码 123456,再使用 SQL Server Management Studio 平台将 Windows 登录用户增加到 SQL Server 登录账户中,为 Windows 身份验证,步骤如下:

① 选择"控制面板"→"管理工具"→"计算机管理"命令,在"本地用户和组"中创建一个用户 login,密码为 123456。

② 添加用户成功后,以系统管理员身份登录到 SQL Server Management Studio 平台主界面,依次展开"服务器"→"安全性"→"登录名"节点选项。

③ 右击"登录名"选项,在弹出的快捷菜单中选择"新建登录名"选项,进入 SQL Server 登录属性窗口,如图 1.10.1 所示。

④ 输入登录名前,单击"搜索"按钮,弹出"选择用户或组"窗口。再选择窗口下面"高级"按钮,弹出新的窗口,单击"立即查找"按钮,显示出所有的 Windows 用户,选择 login 选项,单击"确定"按钮,则显示出"选择用户或组"窗口。

⑤ 在"登录名"选项下将会出现一个新账户 login,然后选择一种身份验证模式:

• 如果选择 Window 身份验证,然后指定该账户默认登录的数据库和默认语言。

• 如选择 SQL Server 身份验证,则需要输入登录账户名称、密码及确认密码。

此处选择 Windows 身份验证,默认登录数据库为"学生选课"。

⑥ 单击"确定"按钮,即可增加一个登录账户。

(2) 使用 SQL Server Management Studio 查看登录账户 login。

① 以系统管理员身份登录到 SQL Server Management Studio 管理平台主界面。

44

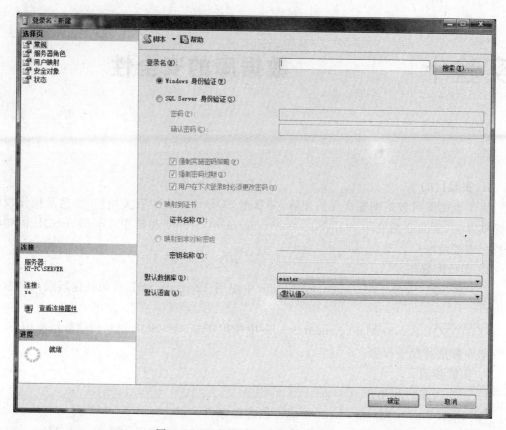

图 1.10.1　SQL Server 新建登录窗口

② 在对象资源管理器中,分别展开节点"服务器"→"安全性"→"登录名"选项。

③ 右击该"登录名"下的 login,在系统弹出的菜单上单击"属性"选项,进入"SQL Server 登录属性"窗口,"登录属性"窗口与图 1.9.1 所示的"新建登录"窗口格式相同,用户可以查看该登录账户的信息,也可以在此窗口中修改登录信息,但是不能改变身份验证模式。

(3) 使用 SQL Server Management Studio 为登录账户 login 创建数据库用户 login。

① 以系统管理员身份登录到 SQL Server Management Studio 管理平台主界面。

② 在对象资源管理器中,分别展开节点"数据库"→"学生选课"→"安全性"→"用户"选项。

③ 右击"用户"选项,在弹出的快捷菜单中选择"新建用户"命令,弹出"数据库用户"窗口,如图 1.10.2 所示。

④ 输入要创建的数据库用户的名字 login,然后在"登录名"文本框中输入相对应的登录名,或单击右面 ... 按钮查找,在系统中选择相应的登录名,此处输入登录名 login。

⑤ 单击"确定"按钮,将新创建的数据库用户添加到数据库中。

2) 角色

为了更方便管理 SQL Server 数据库中的数据权限,在 SQL Server 中引入了角色的概念。数据库管理员可以根据实际应用的需要,将数据库的访问权限指定给角色,当创建用户后,再把用户添加到角色中,这样用户就具有角色所具有的权限。

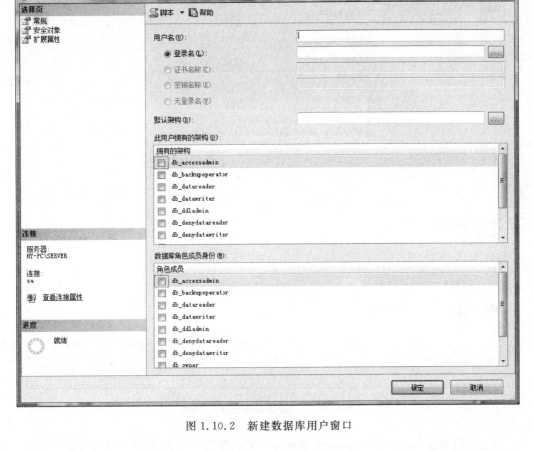

图 1.10.2  新建数据库用户窗口

（1）使用 SQL Server Management Studio 为登录账户 login 创建与管理服务器角色。

服务器角色是指根据 SQL Server 的管理任务以及这些任务相对应的重要等级，把具有 SQL Server 管理职能的用户划分为不同的角色来管理 SQL Server 的权限。要注意服务器角色适用于服务器范围内，并且其权限不能被修改。步骤如下：

① 以系统管理员身份登录到 SQL Server Management Studio 主界面。

② 在对象资源管理器中，分别展开节点"服务器"→"安全性"→"服务器角色"选项。

③ 在右边的"摘要"窗口可以看到该数据库系统的 8 个服务器角色。

④ 右击要添加登录到的服务器角色，如 sysadmin，在弹出的快捷菜单中选择"属性"选项，系统将弹出如图 1.10.3 所示的"服务器角色属性"窗口。

⑤ 为登录账户 login 指定服务器角色，单击"添加"按钮，出现"选择登录名"窗口。

⑥ 在"选择登录名"窗口中单击"浏览"按钮，选择相应的登录用户 login，并单击"确定"按钮将它加入到组中。

⑦ 如要收回登录账户 login 的服务器角色，只需选择该登录账户 login，然后单击"删除"按钮即可，参见图 1.10.3。

⑧ 再次单击"确定"按钮，完成登录账户的服务器角色指定与收回，退出"服务器角色属性"窗口。

实
验
十

数据库的安全性

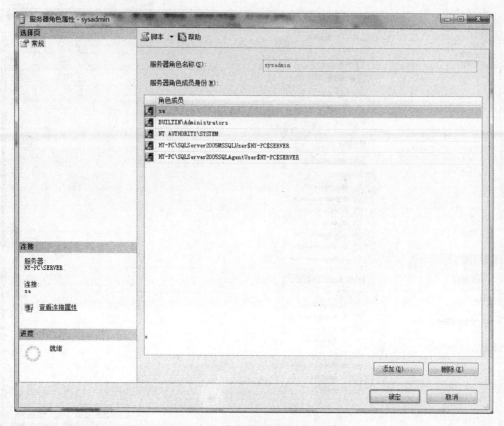

图 1.10.3 "服务器角色属性"窗口

（2）使用 SQL Server Management Studio 为数据库用户 login 创建与管理数据库角色。
SQL Server 2005 在每一个数据库中都预定义了数据库角色。步骤如下：

① 以系统管理员身份登录到 SQL Server Management Studio 主界面。

② 在对象资源管理器中，展开节点"服务器"→"数据库"→"学生管理"→"安全性"→
"角色"→"数据库角色"选项。

③ 在右边的"摘要"窗口可以看到该数据库的所有角色。

④ 右击要添加到的数据库角色，在弹出的快捷菜单中选择"属性"选项，系统将弹出的
数据库角色属性窗口类似图 1.10.3 所示。

⑤ 为数据库用户 login 指定角色，单击"添加"按钮，出现"选择数据库用户或角色"窗口。

⑥ 在"选择数据库用户或角色选择登录名"窗口中单击"浏览"按钮，选择相应的数据库
用户 login，并单击"确定"按钮将它加入到组中。

⑦ 在用户 login 增加完后，单击"确定"按钮，添加完成一个数据库角色的成员。

⑧ 如要删除数据库角色的成员 login，则可单击成员 login，然后单击"删除"选项即可。

（3）使用 SQL Server Management Studio 为数据库用户 login 创建和删除用户自定义
数据库角色。

实验步骤：

① 以系统管理员身份登录到 SQL Server Management Studio 主界面。

② 在对象资源管理器中,分别展开节点"服务器"→"数据库"→"学生管理"→"安全性"→"角色"→"数据库角色"选项。

③ 右击要添加到的数据库角色,在出现的快捷菜单上选择"新建数据库角色"命令,系统将弹出新建数据库角色窗口,如图 1.10.4 所示。

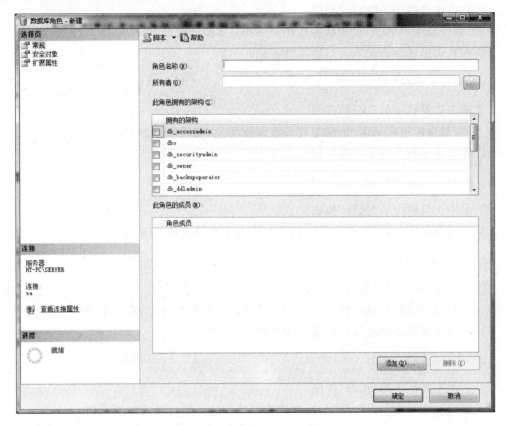

图 1.10.4　新建数据库角色窗口

④ 在"角色名称"文本框中输入要定义的角色名称。

⑤ 为数据库角色指定所有者,单击 ⨪ 按钮,出现"选择数据库用户或角色"窗口。

⑥ 在"选择数据库用户或角色选择登录名"窗口中单击"浏览"按钮,选择相应的数据库用户 login,并单击"确定"按钮。

⑦ 然后单击"确定"按钮,完成角色创建。

⑧ 如要删除自定义数据库角色,可单击对应数据库角色,然后单击"删除"按钮即可。

3) 使用 Transact-SQL 语句进行安全性设置

(1) 创建一个 SQL Server 登录账户 ABC,密码 123,创建后将密码改为 456,实验步骤如下:

① 在查询编辑器的输入窗口输入如下语句:

```
sp_addlogin 'ABC','123'
```

② 单击工具栏中的"执行"按钮。

③ 修改登录账户密码时,在查询编辑器的输入窗口输入如下语句:

实验十

*数据库的安全性*

```
sp_password
@old = '123'
@new = '456'
@loginame = 'ABC'
```

④ 单击工具栏中的"执行"按钮。

（2）为登录账户 ABC 创建数据库用户 ABC，实验步骤如下：

① 在查询编辑器的输入窗口输入如下语句：

```
sp_grantdbaccess 'ABC','ABC'
```

② 单击工具栏中的"执行"按钮。

（3）为数据库用户 ABC 创建与管理数据库角色，实验步骤如下：

① 在查询编辑器的输入窗口输入如下语句：

```
sp_addrolemember 'db_owner','ABC'
```

② 单击工具栏中的"执行"按钮。

③ 取消数据库角色时，在查询编辑器的输入窗口输入如下语句：

```
sp_droprolemember 'db_owner','ABC'
```

④ 单击工具栏中的"执行"按钮。

（4）为数据库用户 ABC 创建和删除用户自定义数据库角色，实验步骤如下：

① 在查询编辑器的输入窗口输入如下语句：

```
sp_addrole 'ROLE','ABC'
```

② 单击工具栏中的"执行"按钮。

③ 删除自定义数据库角色时，在查询编辑器的输入窗口输入如下语句：

```
sp_droprole 'ROLE'
```

④ 单击工具栏中的"执行"按钮。

（5）数据库管理员把查询 student 表的权限授给用户 login，实验步骤如下：

① 在查询编辑器的输入窗口输入如下语句：

```
grant select on table student to login
```

② 单击工具栏中的"执行"按钮。

（6）把对 student 表和 course 表的全部操作权限授给用户 login 和用户 ABC，实验步骤如下：

① 在查询编辑器的输入窗口输入如下语句：

```
grant all priviliges on table student, course to login, ABC
```

② 单击工具栏中的"执行"按钮。

（7）数据库管理员把对 SC 表的查询权限授给所有用户，实验步骤如下：

① 在查询编辑器的输入窗口输入如下语句：

```
grant select on table SC to public
```

② 单击工具栏中的"执行"按钮。

（8）删除数据库用户 login 和数据库用户 ABC，实验步骤如下：

① 在查询编辑器的输入窗口输入如下语句：

```
sp_revokedbaccess 'ABC'
```

② 单击工具栏中的"执行"按钮。

（9）删除登录账户 login 和登录账户 ABC，实验步骤如下：

① 在查询编辑器的输入窗口输入如下语句：

```
sp_droplogin@loginame = 'ABC'
```

② 单击工具栏中的"执行"按钮。

**4. 注意事项**

（1）在创建一个数据库时，SQL Server 2005 自动将创建该数据库的登录账户设置为该数据库的一个用户，并起名为 dbo。

（2）如果要访问某个具体的数据库，必须要有一个用于控制在数据库中所执行活动的数据库用户账户。

（3）使用 Transact-SQL 语句对角色的操作都是利用 SQL Server 2005 中的存储过程。

**5. 思考题**

（1）SQL Server 中有哪些数据库安全功能？性能怎样？

（2）SQL Server 的数据库中有哪些管理权限类型？其授予的方式主要是哪些？

数据库的安全性

# 实验十一 数据库完整性

## 1. 实验目的

使学生加深对数据库完整性的理解,掌握数据库完整性、约束、默认值的概念及其实现方法。

## 2. 实验内容

(1) 使用 SQL Server Management Studio 对数据库中数据表的属性列设置主键、创建默认约束,创建唯一性约束。

(2) 使用 Transact-SQL 语句对数据库中数据表的属性列设置主键、创建默认约束,创建唯一性约束。

## 3. 实验步骤

1) 使用 SQL Server Management Studio 实现数据库完整性

(1) 主键的设置。

将 student 表的 sno 属性列设置为主键的实验步骤如下:

① 以系统管理员身份登录到 SQL Server Management Studio 主界面。

② 在对象资源管理器中,分别展开节点"服务器"→"数据库"→"学生选课"→"表"选项。

③ 右击 student 表,在出现的快捷菜单中选择"修改"命令,系统将弹出表设计如图 1.11.1 所示窗口。

④ 右击要设置为主键的学号属性,在系统弹出的快捷菜单中选择"设置主键"。

**说明**:如果要设置为主键的属性是两个以上,则按住 Shift 键选择各个主属性,按右键,在系统弹出的快捷菜单中选择"设置主键"。

⑤ 单击"关闭"按钮,主键设置完成任务。

(2) 创建默认约束

为 student 表的 sex 属性列创建默认约束,默认值为"男"的实验步骤如下:

① 以系统管理员身份登录到 SQL Server Management Studio 主界面。

② 在对象资源管理器中,分别展开节点"服务器"→"数据库"→"学生选课"→"表"选项。

③ 选择 student 表,右击,在弹出的快捷菜单中选择"修改"选项。系统将弹出表设计窗口。

④ 单击要设置默认值的"性别"属性列,在下面列属性设置栏的默认值或绑定输入框中,输入对应的默认值"男"即可,表设计设置约束窗口如图 1.11.2 所示。

图 1.11.1　表设计窗口

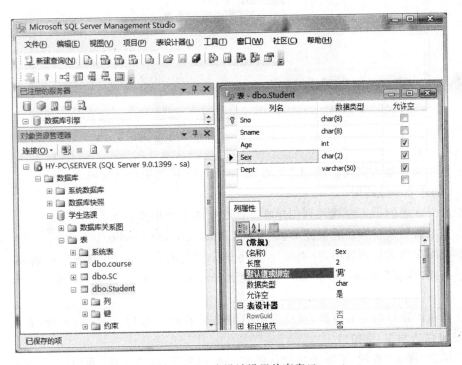

图 1.11.2　表设计设置约束窗口

数据库完整性

（3）创建检查约束。

为"成绩"表的"分数"属性列创建一个检查约束，使得分数属性列的值在 0～100 之间的实验步骤如下：

① 以系统管理员身份登录到 SQL Server Management Studio 主界面。

② 在对象资源管理器中，分别展开节点"服务器"→"数据库"→"学生选课"→"表"选项。

③ 选择 SC 表，右击，在弹出的快捷菜单中选择"修改"选项，系统将弹出表设计窗口。

④ 右击表设计窗口的上方窗格，系统弹出的快捷菜单如图 1.11.2 所示，选择"CHECK 约束"选项，系统将弹出 CHECK 约束窗口，单击表达式右边按钮，出现输入 CHECK 约束表达式对话框，输入表达式：grade＞＝0 and grade＜＝100，单击"确定"按钮，出现"CHECK 约束"对话框，如图 1.11.3 所示。

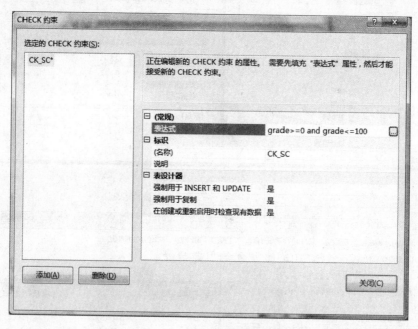

图 1.11.3　设置 CHECK 约束窗口

⑤ 约束条件输入完成后，单击"关闭"按钮，CHECK 约束创建完成。

（4）创建唯一性约束。

将 course 表的 cname 属性列创建唯一性约束的实验步骤如下：

① 以系统管理员身份登录到 SQL Server Management Studio 主界面。

② 在对象资源管理器中，分别展开"服务器"→"数据库"→"学生选课"→"表"选项。

③ 选择"课程"表，右击，在弹出的快捷菜单中选择"修改"选项，系统将弹出表设计窗口。

④ 右击图窗口的上方窗格，系统弹出的快捷菜单如图 1.11.1 所示，选择"索引/键"选项，系统将弹出索引/键窗口。

⑤ 单击"添加"按钮，系统给出默认的唯一性约束名，在常规项"列"对应的输入框中选择要创建唯一性约束的列名及排序顺序，或单击其右边的按钮，选择要创建唯一性约束

的列名及排序顺序,在"是唯一的"对应的下拉框中选择"是"选项,如图 1.11.4 所示。

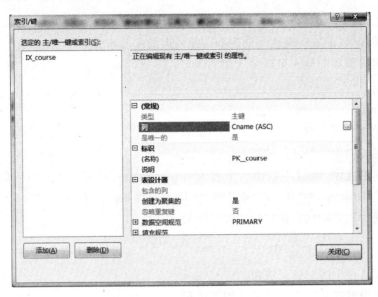

图 1.11.4　创建唯一性约束窗口

⑥ 单击"关闭"按钮,唯一性约束创建完成。

2) 使用 Transact-SQL 实现数据库的完整性

以下各项实验操作都是先以系统管理员身份登录到 SQL Server Management Studio 主界面,然后在对象资源管理器中展开"数据库",选中"学生选课"数据库,右击,在弹出的快捷菜单中选择"新建查询"选项,打开查询编辑器,然后再分别进行下列操作。

(1) 将 course 表的 cno 属性列设置为主键的实验步骤如下:

① 在查询编辑器的输入窗口输入如下语句:

```
alter table course
add constraint PK_cno
primary key clustered(cno)
```

② 单击工具栏中的"执行"命令。

(2) 将 course 表的 credit 属性创建一个默认约束,使得学分的默认值为 3 的实验步骤如下:

① 在查询编辑器的输入窗口输入如下语句:

```
alter table course
add constraint default_credit
default 3 for credit
```

② 单击工具栏中的"执行"按钮。

(3) 将 student 表的 age 属性列创建检查约束,使输学生的年龄在 15～30 岁之间,实验步骤如下:

① 在查询编辑器的输入窗口输入如下语句:

```
alter table student
add constraint check_age
```

数据库完整性

```
check(age>=15 and age<=30)
```

② 单击工具栏中的"执行"按钮。

（4）将"课程"表的 cno 属性列创建唯一性约束的实验步骤如下：

① 在查询编辑器的输入窗口输入如下语句：

```
alter table course
add constraint unique_cno
unique nonclustered(cno)
```

② 单击工具栏中的"执行"按钮。

（5）为"学生选课"数据库创建一个名为 department_default、值为"计算机系"的默认值。将默认值 Department_default 绑定到 student 表的 dept 属性列。其实验步骤如下：

① 在查询编辑器的输入窗口输入如下语句：

```
create default department_default as 'student'
```

② 单击工具栏中的"执行"按钮。

③ 在查询编辑器的输入窗口输入如下语句：

```
sp_bindefault department_default,'student.dept'
```

④ 单击工具栏中的"执行"按钮。

（6）解除 student 表的 dept 属性列的默认值绑定，并删除默认值 Department_default。其实验步骤如下：

① 在查询编辑器的输入窗口输入如下语句：

```
sp_unbindefault student.dept
```

② 单击工具栏中的"执行"按钮。

③ 在查询编辑器的输入窗口输入如下语句：

```
drop default department_default
```

④ 单击工具栏中的"执行"按钮。

（7）为"学生选课"数据库创建规则 chengji_rule，成绩的值大于等于 0、小于等于 100，并将规则 chengji_rule 绑定到 SC 表的 grade 属性列。其实验步骤如下：

① 在查询编辑器的输入窗口输入如下语句：

```
create rule chengji_rule as @grade>=0 and @grade<=100
```

② 单击工具栏中的"执行"按钮。

③ 在查询编辑器的输入窗口输入如下语句：

```
sp_bindrule chengji_rule,'CS.grade'
```

④ 单击工具栏中的"执行"按钮。

（8）解除规则 chengji_rule 到 SC 表的 grade 属性列的绑定，并将规则 chengji_rule 删除。其实验步骤为：

① 在查询编辑器的输入窗口输入如下语句：

sp_unbindrule SC.grade

② 单击工具栏中的"执行"按钮。

③ 在查询编辑器的输入窗口输入如下语句：

drop rule chengji_rule

④ 单击工具栏中的"执行"按钮。

## 4. 注意事项

（1）如果一个自定义数据类型已经在某个表中使用，则数据类型不能被删除。

（2）在删除一个默认值或规则前，都必须先将它们从所绑定的列或自定义数据类型上松绑，否则系统会报错。

## 5. 思考题

（1）SQL Server 中有哪些数据完整性功能？性能怎样？

（2）理解实体完整性、参照完整性和用户完整性的意义。

# 实验十二　数据库备份与还原

## 1. 实验目的

使学生了解 SQL Server 的数据库备份和恢复机制,掌握 SQL Server 中数据库备份与还原的方法。

## 2. 实验内容

(1) 使用 SQL Server Management Studio 创建"备份设备"。

(2) 使用 SQL Server Management Studio 平台对数据库"学生选课"进行备份和还原。

(3) 使用 Transact-SQL 语句将"学生选课"数据库备份到 E:\SQL Server 2005\学生选课.bak。

(4) 使用 Transact-SQL 语句将备份到 E:\SQL Server 2005\学生选课.bak 数据库文件还原。

## 3. 实验步骤

1) 使用 SQL Server Management Studio 备份数据库

(1) 创建备份设备实验步骤如下:

① 以系统管理员身份登录到 SQL Server Management Studio 平台主界面。

② 在对象资源管理器中,展开"数据库"命令。

③ 再展开"服务器对象"选项,右击"备份设备"选项,从弹出的快捷菜单中选择"新建备份设备"命令。

④ 单击"新建备份设备"选项,弹出"备份设备"窗口,如图 1.12.1 所示。

⑤ 在"设备名称"文本框中输入该备份设备的名称。

⑥ 选择备份目标,建立一个磁盘备份设备,单击"文件"单选按钮,在文件名对应的文本框中输入一个完整的路径和文件。

⑦ 单击"确定"按钮,完成建立备份设备的操作。

(2) 对"学生选课"数据库进行备份实验步骤如下:

① 以系统管理员身份登录到 SQL Server Management Studio 平台主界面。

② 在对象资源管理器中,分别展开"数据库"和"学生选课"选项。

③ 右击"学生选课"数据库,在弹出的快捷菜单中选择"任务"→"备份"命令。

④ 将打开"备份数据库"窗口,如图 1.12.2 所示。

⑤ 在"数据库"对应的文本框内选择要备份的数据库名称,在"备份类型"下拉列表中选择要对指定数据库执行的备份类型,这里选择"完整"备份。

⑥ 选择数据库的备份方式。在"备份组件"下面的两个选项按钮中选择"数据库"选项。其中,"数据库"选项表示备份整个数据库,而"文件和文件组"选项表示可以从对话框中选择要备份的文件组或文件。

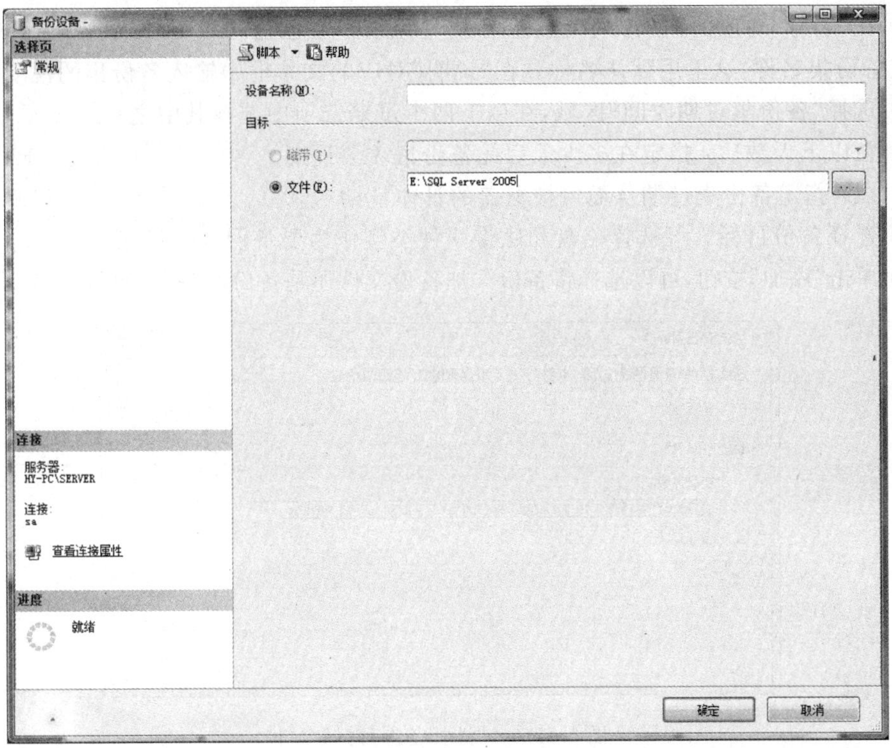

图 1.12.1 "备份设备"窗口

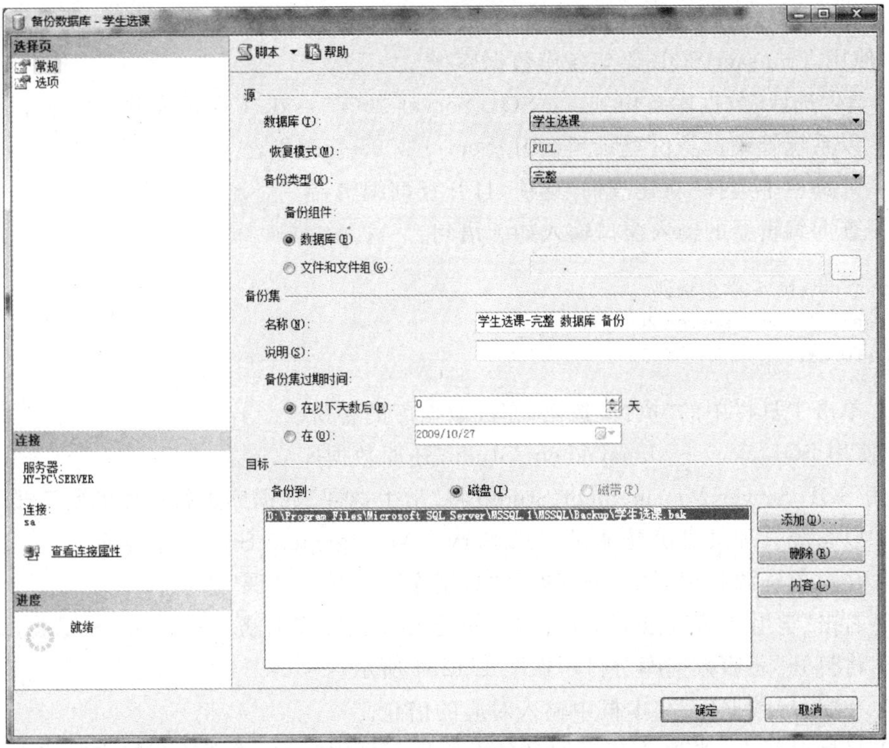

图 1.12.2 "备份数据库"窗口

数据库备份与还原

⑦ 在"名称"对应的输入文本框中显示的是系统自动创建的一个默认名称,用户可以另外指定备份集名称,这里用默认名称。在"说明"对应的文本框中输入备份集的说明。

⑧ 选择"备份集过期时间"区域,在以下两个过期选项中选择其中之一。

- 在以下天数后:指定在多少天后此备份集才会过期。
- 在:指定备份集过期从而可被覆盖的具体日期。

⑨ 选择备份目标。可选择磁盘和磁带两种类型作为要备份到的目标。

⑩ 单击"添加"按钮,可以选择将备份添加备份文件还是备份设备中,如图 1.12.3 所示。

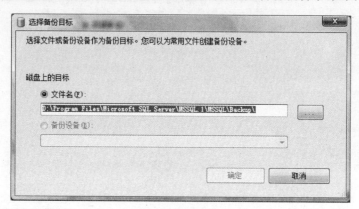

图 1.12.3 "选择备份目标"窗口

单击"确定"按钮便可以完成数据库的备份。

类似地,可以进行数据库的差异备份、日志备份和分组备份。

2) 使用 Transact-SQL 语句备份数据库

将"学生选课"数据库备份到 E:\SQL Server 2005\xsxk. bak 的实验步骤如下:

(1) 以系统管理员身份登录到 SQL Server 2005 管理平台主界面。

(2) 工具栏中选择"新建查询"选项,打开查询编辑器。

(3) 查询编辑器的输入窗口输入如下语句:

```
backup database 学生选课
to disk = 'e:\sql server 2005\xsxk.bak'
with format
```

(4) 单击工具栏中的"执行"按钮,完成数据库的备份。

3) 使用 SQL Server Management Studio 还原数据库

使用 SQL Server Management Studio 将"学生选课"数据库进行还原的实验步骤如下:

(1) 以系统管理员身份登录到 SQL Server Management Studio 主界面。

(2) 在对象资源管理器中,分别展开"数据库"→"学生选课"选项。

(3) 右击"学生选课"数据库,在弹出的快捷菜单中选择"任务"→"还原"→"数据库"命令。

(4) 将打开"还原数据库"窗口,如图 1.12.4 所示。

(5) 在"目标数据库"文本框中输入对应的信息。

(6) 目标时间点:将数据库还原到备份的最近可用时间,或还原到特定时间点,默认为"最近状态"。若要指定特定的时间点,则单击"浏览"按钮。

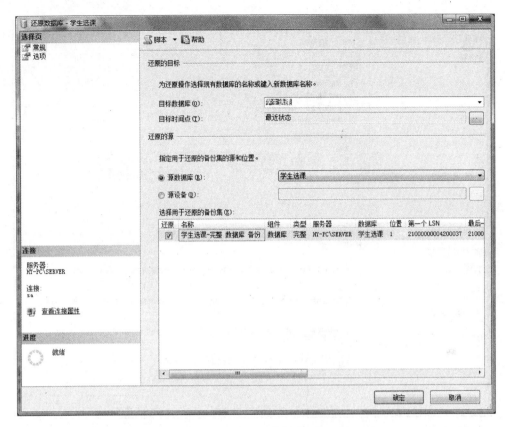

图 1.12.4 "还原数据库"窗口

（7）在"源数据库"对应的下拉列表中，选择要还原的数据库。

（8）在"选择用于还原的备份集"中对应的文本框中显示用于还原的备份。

（9）在"还原数据库"窗口中选择"选项"选项，在"还原选项"选项区域中选择"覆盖现有数据库"复选框，如图 1.12.5 所示，单击"确定"按钮。还原操作完成后，打开"学生管理"数据库，可以看到其中的数据进行了还原。

4）使用 Transact-SQL 语句还原数据库

使用 Transact-SQL 语句将数据库备份到 E:\SQL Server 2005\学生选课.bak 的文件还原到"学生选课"数据库

（1）以系统管理员身份登录到 SQL Server Management Studio 主界面。

（2）在工具栏中选择"新建查询"选项，打开查询编辑器。

（3）在查询编辑器的输入窗口输入如下语句：

```
restore database 学生选课
from disk = 'e:\sql server 2005\学生选课.bak'
```

（4）单击工具栏中的"执行"按钮，完成对数据库的还原。

**4. 注意事项**

（1）完整备份是指备份整个数据库。它备份数据库文件、这些文件的地址以及事务日志的某些部分。

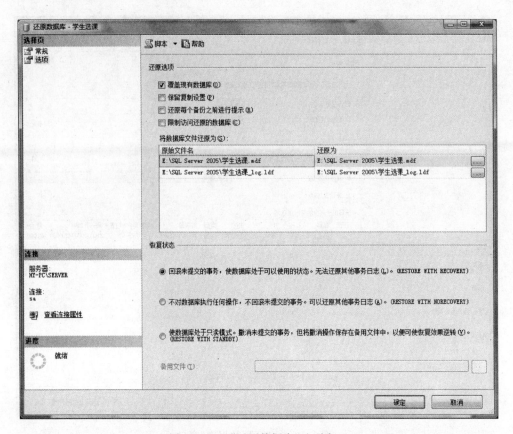

图 1.12.5  "还原数据库"选项窗口

(2) 差异备份是将从最近一次完整数据库备份以后发生改变的数据库进行备份。

(3) 事务日志备份是将自从上一个事务以来已经发生了变化的部分进行备份。

**5. 思考题**

(1) SQL Server 完整备份、差异备份、事务日志备份、文件组备份的功能及特点?

(2) 为什么 SQL Server 利用文件组可以加快数据访问的速度?

# 实验十三 ASP 与 SQL Server 2005 数据库连接

## 1. 实验目的

使学生掌握 ASP 与 SQL Server 连接的两种方法。为进一步利用 ASP 进行数据库的访问打下基础。

## 2. 实验内容

（1）使用 ODBC 实现与数据库的连接。

（2）使用 ADO 控件实现与数据库的连接。

## 3. 实验步骤

1）使用 ODBC 实现与数据库的连接

下面以在 Windows XP 操作系统下为例介绍如何建立 ODBC 的连接，创建 ASP 程序使用的 DSN。

（1）ODBC 数据源的创建。

如为数据库"学生选课"创建数据源 XSXK 的步骤如下：

① 选择"开始"→"设置"→"控制面板"命令，打开控制面板。

② 双击"管理工具"按钮，打开管理工具，在管理工具窗口中双击"数据源（ODBC）"，打开 ODBC 数据源管理器，单击"系统 DSN"选项卡，如图 1.13.1 所示。

③ 单击"添加"按钮，弹出"创建新数据源"对话框，选择 SQL Server 选项，如图 1.13.2 所示。

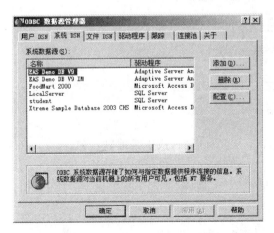
图 1.13.1 "ODBC 数据源管理器"界面

图 1.13.2 "创建新数据源"对话框

④ 单击"完成"按钮,弹出创建数据源对话框。在"名称"编辑框中输入数据源名,如本例中 XSXK;在"服务器"从列表框中选择要连接的 SQL Server 服务器:HY-PC\SERVER,如图 1.13.3 所示。

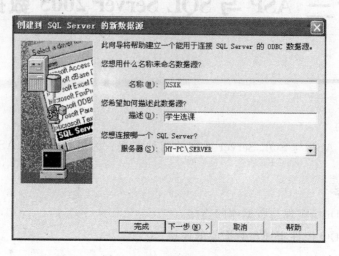

图 1.13.3　为数据库命名

⑤ 单击"下一步"按钮,弹出 SQL Server 验证模式设置对话框,这里设置"使用用户输入登录 ID 与密码的 SQL Server 验证",并且在下面填写登录 ID 与密码。注意,一定是在 SQL Server 2005 数据库设置的用户信息,这里是 sa,密码是 123456,如图 1.13.4 所示。

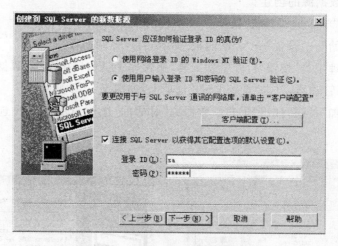

图 1.13.4　SQL Server 验证模式设置

⑥ 单击"下一步"按钮,弹出设置默认数据库等参数对话框,这里采取默认值。

⑦ 单击"下一步"按钮,弹出设置默认语言等参数对话框,这里也采用默认值。

⑧ 单击"完成"按钮,弹出 ODBC 数据源的描述信息,最好单击"测试数据源"按钮,进行数据连接测试。

⑨ 单击"确定"按钮,就成功地创建了 DSN 桥梁。

下面就可以在应用程序中使用 DSN 进行数据库关联了。

（2）使用 ODBC 数据源连接 SQL Server 2005 数据库。

现在网络程序一般都使用代码直接连接，代码直接连接数据库比较简单，代码如下：

```
<%
    set OBJConn = Server.CreateObject("ADODB.Connection")
            /* 定义 Connection 对象 */
    OBJConn.open "DSN = 数据源名;UID = 登录名;PWD = 密码";
%>
```

例如"学生选课"数据库的数据源名为 XSXK，登录名为 sa，密码为 123456。使用 ODBC 连接该数据库。

```
< HTML >
< HEAD >
< TITLE >
        使用 ODBC 数据源连接数据库
</TITLE >
</HEAD >
< BODY >
<%
    Set OBJConn = Server.Createobject("ADDODB.Connection")
    OBJConn.open "DSN = XSXK;UID = sa; PWD = 123456;"
    If OBJConn.State = 1 Then
    /* 若账号或密码错误,OBJConn 变量的状态值将返回 0,正常连接时,状态值将返回 1 */
        Response.Write "OBJConn 与数据库连接成功"
        OBJConn.Close
    Else
        Response.Write "OBJConn 与数据库连接失败"
    End If
    Set OBJConn = Nothing                /* 释放所定义变量 OBJConn */
%>
</BODY >
</HYML >
```

执行程序结果如图 1.13.5 所示。

2）使用 ADO 实现与数据库的连接

直接使用 ADO 与 SQL Server 2005 数据库连接，其中最关键的是连接字符串：

```
Driver = {SQL Server}; SERVER = 服务器 IP 或名字; UID =
账号; PWD = 密码; Database = 数据库名称
```

例如数据库名称为"学生选课"，服务器名为 HY-PC\SERVER，账号为 sa，密码为 123456，使用 ADO 对象连接数据库程序如下：

图 1.13.5 ODBC 与数据库连接成功的执行结果

```
< HTML >
< HEAD >
< META http - equiv = "Content - Type" content = "text/html; charset = gb2312" />
< TITLE >使用 ADO 对象连接数据库</TITLE >
```

```
</HEAD>
<BODY>
<%
    Dim ADOConn
    Dim ConnStr
    Set ADOConn = Server.CreateObject("ADODB.Connection")
    ConnStr = "DRIVER = {SQL Server};SERVER = HY - PC\SREVER;
        UID = sa;PWD = 123456;Database = 学生选课"
    ADOConn.Open ConnStr
    If ADOConn.State = 1 Then
        Response.Write "ADOConn 与数据库连接成功!"
        ADOConn.Close
    Else
        Response.Write "ADOConn 与数据库连接失败!"
    End If
    Set ADOConn = Nothing
%>
</BODY>
</HTML>
```

程序的执行结果如图 1.13.6 所示。

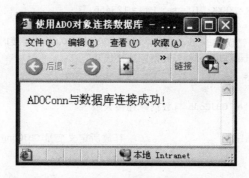

图 1.13.6    ADO 与数据库连接成功的执行结果

**4. 注意事项**

(1) ASP 是一种服务器端脚本编写环境,可以用来创建和运行动态网页或 Web 应用程序。

(2) 在 Windows 2000 和 Windows XP 下需要装 IIS 然,并在 IIS 里新建一个虚拟目录就可以运行 ASP。

**5. 思考题**

(1) 如何在操作系统中安装与配置 Internet 信息服务器(IIS)?

(2) 是否可以在本地计算机上建立若干个 DSN,每个 DSN 对应所使用不同的数据库?

# 实验十四

## ASP.NET 与 SQL Server 2005 数据库连接

### 1. 实验目的

掌握 ASP.NET 连接数据库环境设置与测试的方法,为进一步利用 ASP.NET 进行数据库的访问打下基础。

### 2. 实验内容

(1) 在 SQL Server 2005 环境中创建数据库及用户信息。

(2) 利用记事本编写 ASP.NET 连接数据库程序代码。

(3) 进行环境设置及测试。

### 3. 实验步骤

数据库应用程序与数据库进行交互首先必须建立与数据库的连接,ADO.NET 是重要的应用程序级接口,在 Microsoft .NET 平台中提供数据访问服务。

SqlConnection 对象主要负责与数据源的连接,建立程序与数据源之间的联系,这是存取数据库的第一步,然后再利用方法 Open() 打开数据库,最后利用方法 Close() 关闭数据库。

下面是 ASP.NET 下给予 C# 语言连接 SQL Server 2005 数据库的代码:

```
<% @ Import Namespace = "System.Data" %>
<% @ Import Namespace = "System.Data.SqlClient" %>        /* 导入命名空间 */
SqlConnection conMyData                                    /* 定义数据库连接对象 */
    ⋮
String strInsert = "select * from 数据表"                  /* 查询语句 */
String Str1                                                /* 数据库连接字符串 */
Str1 = @"Data Soure = 服务器名;Initial Catalog = 数据库名; User ID = 用户名;
Password = 密码;"
conMyData = new SqlConnection(Str1)                        /* 创建数据库连接对象 */
conMyData.Open()                                           /* 打开数据库连接 */
    ⋮                                                      /* 其他操作 */
conMyData.close()                                          /* 关闭数据库连接 */
```

1) 创建数据库及用户信息

(1) 打开 Microsoft SQL Server Manager 管理器。

(2) 假设有"学生选课"数据库和 student 数据表。

(3) 下面创建登录用户。单击安全性前面的十号,选择"登录",右击,在弹出的快捷菜单中选择"新建登录"选项,弹出"登录名"对话框,如图 1.14.1 所示。

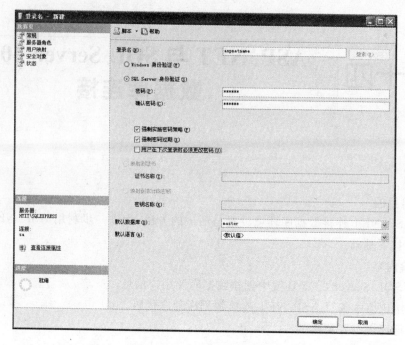

图 1.14.1 "登录名"对话框

（4）在这里登录名为 aspnetname，密码为 123456，同时取消"用户在下次登录时必须更改密码"复选框。

（5）单击"用户映射"项，进行用户权限设置，在这里指定可以访问的数据库是"学生选课"，权限是 db_owner，如图 1.14.2 所示。

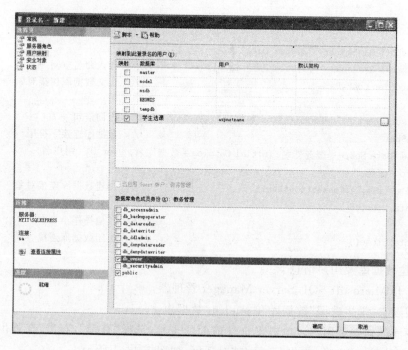

图 1.14.2 用户权限设置

(6) 为了与应用程序相连接,也可以设置 SQL Server 2005 的登录模式,这是非常重要的一步,用户要注意。

(7) 右击 SQL 服务器,在弹出的菜单中选择"属性"命令,就会出现服务器属性设置对话框,在该对话框中单击"安全性"项,如图 1.14.3 所示。

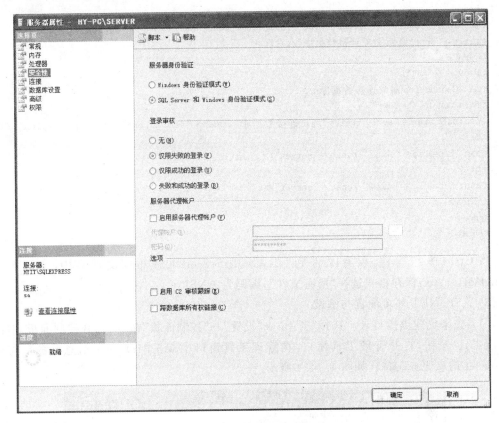

图 1.14.3 服务器安全属性设置

(8) 在这里一定要把服务器身份验证设为"SQL Server 和 Windows 身份验证模式"。

(9) 设置好后,还要重新启动服务:选择 SQL 服务器,右击,在弹出的快捷菜单中选择"重新启动"命令,这时会弹出提示对话框,然后单击"是"按钮,就会弹出"服务控制"对话框。当服务控制运行完后,就设置成功了。

2) ASP. NET 代码编写

在 Windows 记事本软件环境中输入如下代码:

```
<%@ Import Namespace = "System.Data.SqlClient" %>
<script language = "c#" runat = "server">
void sql1_onClick(Object source,EventArgs e)
{
    string str1 = @"Data Source = HYIT\SQLEXPRESS; Initial Catalog = 学生选课; User ID =
aspnetname;Password = 123456";
    SqlConnection mycon = new SqlConnection(str1);
    Mycon.Open();
    Show1.Text = "连接成功!";
```

```
        Mycon.Close();
        show2.Text = "关闭连接!";
    }
</script>
<html>
<head>
<meta http-equiv = "Content-Type"  content = "text/html; charset = gb2312">
<title>Connection 对象连接数据库</title>
</head>
<body>
<h3>Connection 对象连接数据库</h3>
<form runat = "server">
<asp:button id = "sql1" text = "测试连接数据库" runat = "server" onclick = "sql1_onClick" />
<br/>
<asp: Label id = "showl" runat = "server"/>
<br/>
<asp: Label id = "show2" runat = "server"/>
</form>
</body>
</html>
```

按 Ctrl＋S 组合键,保存文件到"E:\SQL Server2005\dm"文件夹中,文件名为 aspnetsql1.aspx,保存格式选择"所有文件",编码为 ANSI。

3) ASP.NET 环境配置与测试

(1) 先来创建虚拟目录。选择"开始"→"设置"→"控制面板"命令,打开控制面板,双击"管理工具"按钮,打开管理工具窗口,在管理工具窗口中双击"Internet 信息服务",打开"Internet 信息服务"窗口,如图 1.14.4 所示。

图 1.14.4  "Internet 信息服务"窗口

（2）在"Intemet 信息服务"窗口中，选择"默认 Web 站点"，右击，在弹出的快捷菜单中选择"新建"→"虚拟目录"命令。弹出"虚拟目录创建向导"对话框，如图 1.14.5 所示。

（3）单击"下一步"按钮弹出创建虚拟目录别名对话框，在这里命名为 sqlserver2005，再单击"下一步"按钮，弹出选择网站内容目录对话框，单击"浏览"按钮，会弹出选择文件对话框，在这里选择"D:\DB\Aspdotnet"，如图 1.14.6 所示。

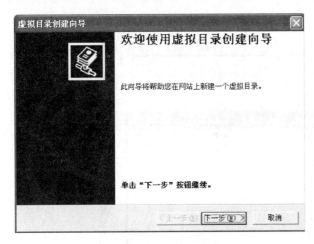

图 1.14.5 "虚拟目录创建向导"对话框　　　　图 1.14.6 选择网站内容目录

（4）选择后，单击"下一步"按钮，弹出虚拟目录访问权限设置对话框，如图 1.14.7 所示。在这里选择了所有的权限。

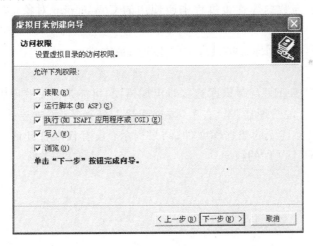

图 1.14.7 "虚拟目录创建向导"对话框

（5）单击"下一步"按钮，弹出设置完成对话框，单击"完成"按钮即可。这样就创建了虚拟目录。

（6）单击 dm 文件夹，然后选择 aspnetsql1.aspx 文件，右击，在弹出的快捷菜单中选择"浏览"命令，这时出现浏览效果如图 1.14.8 所示。

（7）单击页面中的"测试连接数据库"按钮，就会显示相应的提示信息，具体如图 1.14.9 所示。

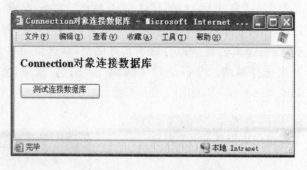

图 1.14.8　浏览效果

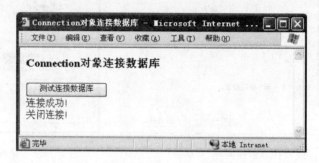

图 1.14.9　SQL Server 2005 数据库连接成功提示信息

**4. 注意事项**

(1) ASP. NET 与数据库连接过程中所使用的 Connection 对象,需要先导入 System. Data. Sqlclient 命名空间。

(2) ASP. NET 与数据库连接过程中的用户登录方式。

**5. 思考题**

(1) 在建立 ASP. NET 与数据库连接时出现错误,可能是由哪些原因导致的?

(2) 在"服务器资源管理器"里,右击"数据连接",选择了"添加连接",接下来添加数据库时,有时选择了自己建立的数据库文件,结果提示: 没有权限打开该文件,该怎么解决这个问题? 怎样设置那个文件的权限?

# 第二部分
# 课程设计指导

# 第1章 概　述

　　课程设计是课程教学中的一项重要内容,是完成教学计划、达到教学目标的重要环节,是教学计划中综合性较强的实践教学环节,它对帮助学生全面牢固地掌握课堂教学内容、培养学生的实践和实际动手能力、提高学生的综合素质具有很重要的意义。在数据库原理及应用课程设计中,除了需要掌握数据库设计的理论外,还需要结合已经学习过的高级语言程序设计或自己学习相关的软件开发工具,把理论知识和实践相结合,完成数据库的课程设计。

## 1.1　课程设计的目的和意义

　　"数据库原理及应用课程设计"是"数据库原理及应用"课程的一个重要的实践性教学环节。

### 1.1.1　课程设计的意义

　　课程设计的意义主要有如下几个方面。

　　(1) 进一步巩固和加深数据库系统的理论知识,培养学生具有 C/S 或 B/S 模式的数据库应用系统的设计和开发能力。熟练掌握 SQL Server 2005 数据库和使用高级程序设计语言开发数据库的应用能力。

　　(2) 综合运用高级程序设计语言 PowerBuilder、Visual Basic 6.0、Visual C♯ 等进行 C/S 模式的管理信息系统的开发与设计,或综合运用 ASP、ASP. NET(教材第 8 章、第 9 章基础上的提高)脚本语言和"软件工程"理论进行 B/S 模式项目的设计与开发。

　　(3) 学习程序设计开发的一般方法,了解和掌握信息系统项目开发的过程及方式,培养正确的设计思想和分析问题、解决问题的能力,特别是项目设计能力。

　　(4) 通过对标准化、规范化文档的掌握并查阅有关技术资料等,培养项目设计开发能力,同时提倡团队精神。

　　通过本次实践活动使学生进一步学习和练习 SQL Server 数据库的实际应用,熟练掌握数据库系统的理论知识,加深对 SQL Server 数据库知识的学习和理解,掌握使用应用软件开发工具开发数据库管理系统的基本方法,积累在实际工程应用中运用各种数据库对象的经验。

　　课程设计的意义是让学生将课堂上学到的理论知识和实际应用结合起来,培养学生的分析与解决实际问题的能力,掌握数据库的设计方法及数据库的运用和开发技术。

　　学生设计一些具有实际应用价值的课程设计题目,在指导教师的指导下,可以帮助学生熟悉数据库设计的步骤,从用户需求分析出发,进行系统的概要设计和课题的总体设计,为具体数据库的设计打下前期基础。学生通过实际的应用,可以更好地理解和掌握数据库理论知识。通过对高级程序设计语言的使用,使学生了解编程知识和编程技巧,同时也掌握了高级程序设计语言访问数据库的方法。

### 1.1.2 课程设计的目的

课程设计的目的是使学生熟练掌握相关数据库的基础知识,独立完成各个环节的设计任务,最后完成课程设计报告。

主要要求掌握以下内容:

(1) 巩固和加深学生对数据库原理及应用课程基本知识的理解,综合该课程中所学到的理论知识,独立或联合完成一个数据库系统应用课题的设计。

(2) 根据课题需要,通过查阅手册和文献资料,培养独立分析和解决实际问题的能力。

(3) 掌握大型数据库管理系统 SQL Server 2005 的安装、使用和维护。

(4) 利用程序设计语言 PowerBuilder、Visual Basic 6.0、Visual C♯或其他高级语言和在学习教材的基础上,使用 ASP 和 ASP. NET 等脚本语言编写访问 Web 数据库的应用程序。

(5) 设计和开发一个小型的信息管理系统。

(6) 进行模块、整体的测试和调试。

(7) 学会撰写课程设计报告,能做出简单、通畅答辩。

(8) 培养严肃认真的工作作风和严谨求实的科学态度。

# 1.2 课程设计的步骤

课程设计是针对某一门课程或某几门课程的教学要求,对学生进行综合性训练,培养学生综合运用课程中所学专业理论知识独立解决实际问题的能力。课程设计的过程可以用图 2.1.1 表示。

数据库原理及应用课程设计应在指导教师的帮助下完成,具体步骤如下。

**1. 选题**

选题可分为指导教师选题和学生自己选题两种。教师选题可选择统一的题目,以课程设计任务书的形式下达,学生选题则应通过指导教师批准后方可进行。

1) 选题内容

选题要符合本课程的教学要求,要注意选题的完整性,要能进行分析建模、设计、编程、复审、测试等一系列工作,并能以规范的文档形式表现出来。

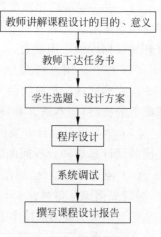

图 2.1.1 课程设计过程

2) 选题要求

(1) 注意选题内容的先进性、综合性、实践性,应适合实践教学和启发创新,选题内容不应过于简单,难度要适中。

(2) 结合企事业单位应用的实际情况进行选题。

(3) 题目成果应具有相对完整的功能。

**2. 拟出具体的设计方案**

学生应在指导教师的指导下进行项目的总体方案论证,并根据自己所接受的设计题目设计出具体的实施方案,报指导教师批准后开始实施。

**3. 程序的设计与调试**

学生在指导教师的指导下完成所接受题目的项目开发工作,编程和上机调试,最后得出预期的成果。

**4. 撰写课程设计报告**

课程设计报告是课程设计工作的整理和总结,主要包括需求分析、总体设计、详细设计、复审、编码、测试等部分。

# 1.3 课程设计要求

课程设计是培养学生综合运用该门课程所学的基本理论和技术知识,在教师指导下进行设计训练的实践性教学环节。学生通过课程设计,基本了解和掌握简单项目设计的全过程,不断提高分析和解决实际问题的能力,为毕业设计打下良好的基础,因此要对课程设计的各个环节提出规范性要求。

## 1.3.1 课程设计任务书撰写要求

课程设计任务书由指导教师填写并经审议后按组下达给学生,每组一份。内容应包括:

- 目的及要求;
- 主要内容;
- 实践环境;
- 设计方式与基本要求;
- 设计成果与设计报告要求;
- 课程设计选题表;
- 设计参考书目等。

**例 2.1.1** 课程设计任务书举例。

**"数据库原理及应用"课程设计任务书**

**××-××学年第二学期　××××专业**

一、课程设计目的及基本要求

"数据库原理及应用"课程设计是为数据库原理及应用课程而独立开设的实践性课程。"数据库原理及应用"课程设计对于巩固数据库知识,加强学生的实际动手能力和提高学生综合素质十分必要。本课程分为系统分析与数据库设计、应用程序设计和系统集成调试三个阶段进行。

数据库课程设计的主要目标是:

(1)加深对数据库系统、程序设计语言的理论知识的理解和应用水平。

(2)通过设计实际的数据库系统,进一步熟悉数据库管理系统的操作技术,提高动手能力,提高分析问题和解决问题的能力。

二、课程设计的主要内容

（1）系统分析与数据库设计阶段

① 通过社会调查，选择一个实际应用数据库系统的课题。

② 进行系统需求分析和系统设计，写出系统分析和设计报告。

③ 设计数据模型并进行优化，确定数据库结构、功能结构、系统安全性和完整性要求。

（2）应用程序设计阶段

① 完成数据库定义工作，实现系统数据的数据处理和数据录入。

② 实现应用程序的设计、编程、优化功能，实现数据安全性、数据完整性和并发控制技术等功能，并针对具体课题问题提出解决方法。

（3）系统集成调试阶段

对系统的各个应用程序进行集成和调试，进一步优化系统性能，改善系统用户界面。

三、主要实践环境

（1）操作系统为 Windows XP。

（2）数据库管理系统为 SQL Server 2005 标准版或企业版。

（3）高级程序设计语言为 PB、VB6、VC#、ASP、ASP. NET 或其他开发环境。

四、设计方式与基本要求

（1）设计任务的布置：由指导教师向学生讲清对设计的整体要求及实现的目标任务，讲清设计安排和进度、平时考核内容、考核办法、设计守则及实验室安全制度，讲清上机操作的基本方法。实验内容和进度由学生自行选择和安排，指导教师负责检查、辅导和督促。

（2）设计 1～3 人为一组，设计课题由学生自己拟定并报指导教师批准或在附表的选题表中选择一个课题。在规定的时间内，由学生独立完成，出现问题时，教师要引导学生独立分析、解决，不得包办代替。

（3）课程设计是一个整体，需要有延续性。机房应有安全措施，避免前面的实验数据、程序和环境被清除、改动或盗用的事件发生。

（4）指导教师要认真做好指导工作，做好考勤工作。

（5）学生最好能自备计算机，课下能多做练习，以便能够熟悉和精通实验方法。如果能结合实际课题进行训练，会达到更好的效果。

五、考核与课程设计报告

"数据库原理及应用"课程设计报告要求有系统需求分析与系统设计、系统数据模块和数据库结构、系统功能结构、系统的数据库设计方法和程序设计方法、源程序代码等内容。其课程设计应用系统程序应独立完成，程序功能完整，设计方法合理，用户界面友好，系统运行正常。

（1）课程设计报告要求：

① 不少于 5000 字，用 A4 纸打印。

② 主要内容及装订顺序：封面（统一提供）、课程设计任务书、摘要、目录、正文、参考文献、教师评语表等内容。

③ 正文部分应该包括需求分析、总体设计、数据库设计（含概念设计、逻辑设计、物理设计）、程序模块设计（含功能需求、用户界面设计、程序代码设计与分析、调试及运行结果）、主要模块界面和代码等。

④ 设计报告严禁抄袭，即使是同一小组也不允许雷同，否则按不及格论。

（2）课程设计需要提交的内容：

① 装订完整的课程设计报告

② 数据库与应用系统（电子提交）：数据库不用提交，源程序提交到指导老师相应的STU 文件夹下。

（3）课程设计的成绩评定：课程设计的成绩由平时考核与最终考核相结合，平时占10%（出勤、学习笔记、表现等）；最终占70%（设计报告30%、数据库及应用系统30%、答辩30%）。成绩计分按优、良、中、及格与不及格5级评定。

六、课程设计实验项目设置与内容

下表列出了"数据库原理及应用"课程设计的实验项目与内容。

实验项目与内容

| 序号 | 设计内容 | 内　　容 | 时间（天） | 要　　求 |
|------|----------|----------|-----------|----------|
| 1 | 系统需求分析与功能设计 | 根据课题的要求进行简单的需求分析，设计相应的数据流图，得出相应的系统功能需要 | 0.5 | 系统数据流图 |
| 2 | 总体设计 | 根据功能需求，设计系统的总体结构 | 0.5 | 系统总体功能模块图　菜单的设计 |
| 3 | 数据库设计 | 完成数据库的概念设计、逻辑设计，按数据库设计方法和规范化理论得出符合3NF 的逻辑模型 | 2 | ER 图设计　ER 图转化为相应的关系模式　设计数据库的逻辑模型（以表格），在机器上完成数据库的物理设计 |
| 4 | 应用程序设计和程序调试 | 设计并编写输入/输出、查询/统计、数据维护等功能模块的应用程序 | 1.5 | 每个人设计 2 个以上的模块，一个组完成一个完整的系统 |
| 5 | 设计报告与成果提交 | 撰写设计报告并提交相应资料与成果 | 0.5 | 按以上要求 |

七、指导教师

×××  ×××

八、上机安排（详见机房的上机安排表）

附表：课程设计课题选题表（具体要求可参见实验指导书）

| 课题序号 | 课题名称 | 课题序号 | 课题名称 |
|----------|----------|----------|----------|
| 1 | 图书销售管理系统 | 7 | 学生学籍管理系统 |
| 2 | 通用工资管理系统 | 8 | 车站售票管理系统 |
| 3 | 报刊订阅管理系统 | 9 | 汽车销售管理系统 |
| 4 | 医药销售管理系统 | 10 | 仓储物资管理系统 |
| 5 | 电话计费管理系统 | 11 | 企业人事管理系统 |
| 6 | 宾馆客房管理系统 | 12 | 选修课程管理系统 |

×××学院

20××-××-××

## 1.3.2 课程设计报告撰写要求

课程设计报告的撰写规范应参照 CMM 模型(Capability Maturity Model,能力成熟度模型)编写,最终以课程设计报告的形式上交归档。

课程设计报告是在完成应用系统设计、编程、调试后,对学生归纳技术文档、撰写科学技术论文能力的训练,以培养学生严谨的作风和科学的态度。通过撰写课程设计报告,不仅可以把分析、设计、安装、调试及技术参考等内容进行全面总结,而且还可以把实践内容提升到理论高度。

**1. 内容要求**

一份完整的课程设计报告应由题目、摘要、设计任务书、目录、素材准备、选题意义、需求分析、总体设计和数据库设计(包含概念设计、逻辑设计和物理设计)、脚本及制作、结论、参考文献等部分组成。中文字数在 5000 字左右。课程设计报告按如下内容和顺序用 A4 纸进行打印(撰写)并装订成册。

1) 统一的封面

封面含课程设计课题名称、专业、班级、姓名、学号、指导教师等。

**例 2.1.2** 课程设计报告封面举例。

××××学院

(字体:宋体;字号:一号)
数据库原理及应用
课程设计报告
(字体:华文行楷;字号:初号)

课题名称:_____

专业:_____

班级:_____

姓名:_____

学号:_____

指导老师:_____

××××年××月××日

(字体:楷体_GB2312;字号:三号)

2) 课程设计任务及进度表

学生根据指导教师提供的任务书,选择课程设计题目或自选题目,设计好本次课程设计任务及进度表,主要包含如下内容:课程名称、设计目的、实验环境、任务要求和工作进度计划。填写好后交予指导教师批准签字后方可实施。

**例 2.1.3** 课程设计任务及进度表举例。

课程设计任务及进度表

| 课题名称 | 学生成绩管理系统 | | |
|---|---|---|---|
| 设计目的 | 通过对高校学生成绩管理系统的设计和开发,了解了数据库的设计与开发的全过程,达到巩固数据库理论知识、锻炼实践能力和构建合理知识结构的目的。 | | |
| 实验环境 | 操作系统:Windows XP<br>数据库管理系统:SQL Server 2005<br>编程环境:ASP | | |
| 任务要求 | 1. 搜集高校学生成绩管理问题方面的资料,进行需求分析;<br>2. 完成概念设计、逻辑设计等各阶段的设计;<br>3. 编写程序代码,系统调试;<br>4. 撰写课程设计报告;<br>5. 参加答辩。 | | |
| 工作进度计划 | | | |
| 序号 | 起止日期 | 工作内容 | |
| 1 | 2010.11.10~2010.11.18 | 查询资料、选择课题 | |
| 2 | 2010.11.19~2010.11.30 | 需求分析、总体设计 | |
| 3 | 2010.12.01~2010.12.18 | 系统整体设计、编写程序代码、调试程序 | |
| 4 | 2010.12.18~2010.12.26 | 撰写课程设计报告 | |

指导教师(签章):

_____年_____月_____日

3) 内容摘要

内容摘要是对课程设计报告的总结,是在报告全文完成之后提炼出来的,具有短、精、完整三大特点。摘要应具有独立性的自含性,即不阅读原文的全文就能获得必要的信息。摘要中有数据、结论,是一篇完整的短文。课程设计的摘要一般在300~500字之间。摘要的内容应包括目的、方法、结果和结论,即应包含设计的主要内容、主要方法和主要创新点。英文摘要的内容应与中文内容相对应,一般采用第三人称和被动式,摘要中不应出现"本文、我们、作者"之类的词语。中文摘要前加"摘要:",英文摘要前要加"Abstract:"。

关键词按 GB/T 3860 的原则和方法选取。一般选 3~8 个关键词,关键词之间用";"分隔,最后一个关键词的后面不加任何标点符号。中文关键词前加"关键词:",英文关键词前加"Key words:"。

**例 2.1.4** 课程设计摘要举例。

**酒店管理系统**

【摘要】设计报告论述了分析、开发、设计一个酒店管理系统的过程。该系统融入酒店科学、规范的现代管理思想,为提高各业务部门本身的工作效率,自动完成各业务部门之间的各种营业信息、账务、报表的自动化传输与汇总,使各项业务工作制度化,科学化。结合先进的计算机技术,采用 PowerBuilder 9.0 和 SQL Server 2005 开发而成。

设计报告介绍了课题相关内容,并通过设计分析,划分数据库,将系统划分为 4 个主要功能模块:前台管理、系统维护、经理查询、宾客系统。着重叙述了前台管理和系统维护这两个功能模块的功能实现,这些模块基本上满足了用户(酒店)在客房管理,餐饮管理等方面的需求。如对客房、员工的设置修改,相关的顾客服务等。系统中的各业务管理模块既可单机独立运行,也可在服务器/工作站组成的局域网络平台上联网运行。可随着酒店业务的发展对系统进行扩展升级。

**关键词**:面向对象;数据窗口;酒店管理系统;模块

**【Abstract】**This text discusses the procedure of analysis,developing, designing a hotel MIS. The system combined the though of scientific and module management,you can improve the efficiency of each department as well as the sum the messages,debt,and forms convened among the different departments. It can also systemize, scientific each operation. Go with the advanced technology of computer,and developing with the adopting of PowerBuilder 9.0 and SQL Server 2005.

This text introduced the related contents of topic, and pass the design analysis, dividing the line the database, dividing the line system as four main function mold pieces:The stage management, system maintenance, manager search, guest system. Emphasized to describe the stage management and systems to support the function realization of these two functions mold piece, these molds piece satisfies the customer(hotel) to manage in the guest room basically, the dining manages the need of etc.. Such as to the constitution modification of the guest room,employee, the related customer service etc.. Each business in the system management mold piece since can the single machine circulate independently, also can the area network terrace of the bureau constitute in the server/ work station up the internet circulate. Can carry on expanding the upgrade to the system along with the development of the cabaret business.

**Key words**:Object-Oriented;Data window;Hotel Management System;Mold

4) 目录

目录包括课程设计报告的一、二和三级标题、标题的内容以及各级标题所对应的页码。

5) 课程设计报告正文

课程设计报告正文可按三级标题的形式来撰写,应包含如下内容:

- 项目需求分析。方案的可行性分析、方案的论证等内容。
- 项目概念设计。系统的总体概念结构设计等内容,各模块或单元程序的设计、算法原理阐述、完整的 ER 模型图。
- 项目逻辑结构设计。ER 模型转换为关系模型以及关系模式的优化的内容。确定出具体的关系模式的结构。
- 项目物理结构设计。为基本数据模式选取一个最适合应用环境的物理结构。
- 编码。根据某一程序设计语言对设计结果进行编码的程序清单。
- 项目测试。使用程序调试的方法和技巧排除故障:选用合理的测试用例进行程序系统测试和数据误差分析等。

- 总结。本课题核心内容程序清单及使用价值、程序设计的特点和方案的优缺点、改进方法和意见。它是对整个设计工作进行归纳和综合而得出的总结，对所得结果与已有结果的比较和课题尚存在的问题，以及进一步开展研究的见解与建议。结论要写得概括、简短，中文字数不低于 300 字。

6）致谢

对指导教师和给予指导或协助完成课程设计工作的组织和个人表示感谢。内容应简洁明了、实事求是。

7）参考文献

参考文献规范格式如下：

(1) 参考文献的类型。

参考文献（即引文出处）的类型以单字母方式标识，具体如下：

M——专著；C——论文集；N——报纸文章；J——期刊文章；D——学位论文；R——报告。

对于不属于上述的文献类型，采用字母 Z 标识。

对于英文参考文献，还应注意以下两点：

- 作者姓名采用"姓在前名在后"原则，具体格式是：姓，名字的首字母。如：Malcolm Richard Cowley 应为：Cowley M. R.，如果有两位作者，第一位作者方式不变，& 之后第二位作者名字的首字母放在前面，姓放在后面，如：Frank Norris 与 Irving Gordon 应为：Norris F. & I. Gordon；
- 书名、报刊名使用斜体字，如：*Mastering English Literature*，*English Weekly*。

(2) 参考文献的格式。

① 期刊类格式：

[序号]作者.篇名[J].刊名，出版年份，卷号（期号）：起止页码.

例如：

[1] 刘金岭.多维数据的复杂查询聚类算法研究[J].计算机应用，2008，28（7）：1689-1691.

[2] Heider, E. R. & D. C. Oliver. The structure of color space in naming and memory of two languages [J]. Foreign Language Teaching and Research，1999，(3)：62-67.

② 专著类格式：

[序号]作者.书名[M].出版地：出版社，出版年份：起止页码.

例如：

[4] 刘金岭，冯万利，张有东.数据库原理及应用[M].北京：清华大学出版社，2009，7.

[5] Gill, R. Mastering English Literature [M]. London：Macmillan，1985：42-45.

③ 报纸类格式：

[序号]作者.篇名[N].报纸名，出版日期（版次）.

例如：

[6] 李大伦.经济全球化的重要性[N].光明日报，1998-12-27(3).

[7] French, W. Between Silences：A Voice from China[N]. Atlantic Weekly，1987-8-15(33).

④ 论文集格式：

[序号]作者.篇名[C].出版地：出版者，出版年份：起始页码.

例如：

[8] 伍蠡甫.西方文论选[C].上海：上海译文出版社,1979：12-17.

[9] Spivak,G. Can the Subaltern Speak? [A]. In C. Nelson & L. Grossberg(eds. ). Victory in Limbo：Imigism [C]. Urbana：University of Illinois Press, 1988, pp. 271-313.

[10] Almarza, G. G. Student foreign language teacher's knowledge growth [A]. In D. Freeman and J. C. Richards (eds. ). Teacher Learning in Language Teaching [C]. New York：Cambridge University Press. 1996. pp. 50-78.

⑤ 学位论文格式：

[序号]作者.篇名[D].出版地：保存者,出版年份：起始页码.

例如：

[11] 张筑生.微分半动力系统的不变集[D].北京：北京大学数学系数学研究所,1983：1-7.

⑥ 译著格式：

[序号]原著作者.书名[M].译者,译.出版地：出版社,出版年份：起止页码.

例如：

[12] 昂温 G,昂温 P S.外国出版史[M].陈生铮,译,北京：中国书籍出版社,1998.

8）评分表

评分表的内容一般包括学生在做课程设计期间的态度和表现、系统运行的可靠性和稳定性、课程设计报告的规范化程度、答辩情况等。

**例 2.1.5** 指导教师评语表举例。

**指导教师评语**

| 学号 | | 姓名 | | 班级 | |
|---|---|---|---|---|---|
| 选题名称 | | | | | |
| 序号 | 评 价 内 容 | | | 权重(%) | 得分 |
| 1 | 考勤记录、学习态度、工作作风与表现。 | | | 10 | |
| 2 | 是否完成设计任务；能否运行、可操作性如何等。 | | | 30 | |
| 3 | 报告的格式规范程度、是否图文并茂、语言规范及流畅程度；主题是否鲜明、重心是否突出、论述是否充分、结论是否正确；是否提出了自己的独到见解。 | | | 30 | |
| 4 | 自我陈述、回答问题的正确性、用语准确性、逻辑思维、是否具有独到见解等。 | | | 30 | |
| 合计 | | | | | |

指导教师(签章)：

_____年_____月_____日

9）装订顺序

课程设计报告的装订顺序依次为：封面、课程设计任务及进度表、摘要、目录、正文、总结、致谢、参考文献、指导教师评语。

**2. 写作细则**

(1) 标点符号、名词、名称规范统一。

(2) 标题层次有条不紊,整齐清晰。章节编号方法应采用分级阿拉伯数字编号方法,第一级为"1"、"2"、"3"等,第二级为"1.1"、"1.2"、"1.3"等,第三级为"1.1.1"、"1.1.2"、"1.1.3"

等,两级之间用下角圆点隔开,每一级的末尾不加标点。第 4 级标题为(1),(2),…,第 5 级标题为①,②,…。

（3）插图整洁美观,线条匀称。每幅插图应有图编号和图标题,插图要求居中,图序和图标题应放在图下方居中处。图编号按一级标题编号,一级标题号和图编号之间用“.”或“-”分割,如一级标题 2 中第三个图编号为图 2.3 或图 2-3。

（4）表格同插图一样,也要求居中,并有表格标题和编号,但标题应放在表格上方居中处。表格编号格式与图编号格式相同。

### 3．排版要求

（1）纸型：A4,纵向。

（2）正文：中文,宋体,小 4 号字；英文：Times New Roman,小四号字；行距：1.5 倍行距。

（3）一、二、三级标题居左,不空格,四级、五级标题居左空两个汉字的位置。一级标题三号黑体字加粗；二级标题用小三号黑体非加粗；三级标题用四号黑体字非加粗。一、二、三级标题格式要求段前、段后各 1 行。表格、图的标题,中文用小五号黑体字,英文用小五号加黑。表格、图中文字用宋体小五号字。

（4）程序代码用 Courier New 字体,字号为五号。

（5）用 A4 纸打印,除封面、课程设计任务及进度表和教师评语外,其他部分用 A4 纸正反两面打印,奇数页眉（“数据库原理及应用”课程设计）,偶数页眉（课程设计报告题目、作者）；用五号宋体字,页码用阿拉伯数字连续编排。

# 第2章　数据库应用系统设计规范

在数据库领域内,通常把使用数据库的各类信息系统都称为数据库应用系统。数据库应用系统的设计是指创建一个性能良好的、能满足不同用户使用要求的、又能被选定的DBMS所接受的数据库以及基于该数据库上的应用程序。

## 2.1　程序开发过程要求

数据库应用系统的开发是按阶段进行的,一般可划分为八个阶段:可行性分析、需求分析、系统设计(概要设计、详细设计)、程序开发、编码、单元测试、系统测试、系统维护。

在数据库应用系统开发过程中,要明确各阶段的工作目标,也要了解实现该目标所必需的工作内容,并要明确尚须达到的标准。只有在上一个阶段的工作完成后,才能开始下一阶段的工作。

### 2.1.1　可行性分析

明确数据库应用系统的目的、功能和要求,了解目前所具备的开发环境和条件。需要论证的内容有以下五个方面:

- 在技术能力上是否可以支持;
- 在经济上效益如何;
- 在法律上是否符合要求;
- 与部门、企业的经营和发展是否吻合;
- 系统投入运行后的维护有无保障。

讨论可行性的目的是判定数据库应用系统的开发有无价值。将分析和讨论的内容整理、完善,从而形成"项目开发计划书",其主要内容有以下六个方面:

- 开发的目的及所期待的效果;
- 系统的基本设想,所涉及的业务对象和范围;
- 开发进度表,开发组织结构;
- 开发、运行的费用;
- 预期的系统效益;
- 开发过程中可能遇到的问题及注意事项。

可行性研究报告是可行性分析阶段软件文档管理的标准化文档。

## 2.1.2 系统需求分析

系统需求分析是数据库应用系统开发中最重要的一个阶段,直接决定着系统的开发质量和成败,必须明确用户的要求和应用现场环境的特点,了解系统应具有哪些功能、数据的流程和数据之间的联系。需求分析应有用户参加,需要到使用现场进行调研学习,软件设计人员应虚心向技术人员和使用人员请教,共同讨论解决需求问题的方法,对调查结果进行分析,明确问题的所在。需求分析的内容应编写成"需求分析规格说明书"。

软件需求规格说明作为分析结果,它是软件开发、软件验收和管理的依据。因此,必须特别重视,不能有一点错误或不当,否则将来可能要付出很大的代价。

## 2.1.3 系统设计

可根据系统的规模,将系统设计分成概要设计和详细设计两个阶段。

(1) 概要设计包括以下九个方面:

- 划分系统模块;
- 每个模块的功能确定;
- 用户使用界面概要设计;
- 输入、输出数据的概要设计;
- 报表概要设计;
- 数据之间的联系、流程分析;
- 文件和数据库表的逻辑设计;
- 硬件、软件开发平台的确定;
- 有规律数据的规范化及数据唯一性要求。

(2) 系统的详细设计是对系统概要设计的进一步具体化,其主要工作有以下四项:

- 文件和数据库的物理设计;
- 输入、输出记录的方案设计;
- 对各子系统的处理方式和处理内容进行细化设计;
- 编制程序设计任务书。程序说明书通常包括程序规范、功能说明、程序结构图,通常用 HPIPO(Hierarchy Plus Input Process Output)图来描述。

系统详细设计阶段的规范化文档称为软件系统详细设计说明书。

## 2.1.4 程序开发

根据程序设计任务书的要求,用计算机算法语言实现解题的步骤,主要工作包括以下四项:

- 模块的理解和进一步划分;
- 以模块为单位的逻辑设计,也就是模块内的流程图的编制;
- 编写代码,用程序设计语言编制程序;
- 进行模块内功能的测试、单元测试。

程序质量的要求包括以下五个方面:

- 满足要求的确切功能;

- 处理效率高；
- 操作方便，用户界面友好；
- 程序代码的可读性好，函数、变量标识符合规范；
- 扩充性、维护性好。

降低程序的复杂性也是十分重要的。系统的复杂性由模块间的接口数来衡量，一般地讲，$n$ 个模块的接口数的最大值为 $n(n-1)/2$；若是层次结构，$n$ 个模块的接口数的最小值为 $n-1$。为使复杂性最小，对模块的划分设计常常采用层次结构。应注意到，编制的程序或模块应容易理解、容易修改，模块应相互独立，对某一模块进行修改时，对其他模块的功能应不产生影响，模块间的联系要尽可能少。

### 2.1.5　系统测试

系统测试是为了发现程序中的错误，对于设计的软件，出现错误是难免的。系统测试通常由经验丰富的设计人员设计测试方案和测试样品，并写出测试过程的详细报告。系统测试是在单元测试的基础上进行的，包括以下四个方面：

- 测试方案的设计；
- 进行测试；
- 写出测试报告；
- 用户对测试结果进行评价。

除非是测试一个小程序，否则一开始就把整个系统作为一个单独的实体来测试是不现实的。与开发过程类似，测试过程也必须分步骤进行，每个步骤在逻辑上是前一个步骤的继续。大型软件系统通常由若干个子系统组成，每个子系统又由许多模块组成。因此，大型软件系统的测试基本上由下述几个步骤组成：

- 模块测试；
- 子系统测试；
- 系统测试；
- 验收测试。

软件测试的方法常用黑盒法和白盒法。

### 2.1.6　文档资料

文档包括开发过程中的所有技术资料以及用户所需的文档，软件系统的文档一般可分为系统文档和用户文档两类。用户文档主要描述系统功能和使用方法，并不考虑这些功能是怎样实现的；系统文档则描述系统设计、实现和测试等方面的内容。文档是影响软件可维护性、可用性的决定因素。文档的编制是软件开发过程中的一项重要工作。

系统文档包括开发软件系统在计划、需求分析、设计、编制、调试、运行等阶段的有关文档。在对软件系统进行修改时，系统文档应同步更新，并注明修改者和修改日期，如有必要应注明修改原因。

用户文档包括以下四个方面的内容：

- 系统功能描述；
- 安装文档，说明系统安装步骤以及系统的硬件配置方法；

- 用户使用手册,说明使用软件系统方法和要求,疑难问题解答;
- 参考手册,描述可以使用的所有系统设施,解释系统出错信息的含义及解决途径。

### 2.1.7　系统的运行与维护

系统只有投入运行后,才能进一步对系统检验,发现潜在的问题,为了适应环境的变化和用户要求的改变,可能会对系统的功能、使用界面进行修改。要对每次发现的问题和修改内容建立系统维护文档,并使系统文档资料同步更新。

通过建立代码编写规范,形成开发小组编码约定,提高程序的可靠性、可读性、可修改性、可维护性、一致性,保证程序代码的质量,继承软件开发成果,充分利用资源。提高程序的可继承性,使开发人员之间的工作成果可以共享。

软件编码要遵循的原则如下所述:

(1) 遵循开发流程,在总体设计的指导下进行代码编写。

(2) 代码的编写以实现设计的功能和性能为目标,要求正确完成设计要求的功能,达到设计的性能。

(3) 程序具有良好的程序结构,提高程序的封装性,减低程序的耦合程度。

(4) 程序可读性强,易于理解;方便调试和测试,可测试性好。

(5) 易于使用和维护;具有良好的修改性、扩充性;可重用性强,移植性好。

(6) 占用资源少,以较低的代价完成任务。

(7) 在不降低程序可读性的情况下,尽量提高代码的执行效率。

# 2.2　命名规范

在开发中遵循编码规范是十分重要的。本部分以 Visual C♯编码规范为例说明代码编写过程中的命名规范。Visual C♯编码规范是一种可读性强,并有助于代码管理、分类的编码规范。采用这种编码规范,能避免一些繁长前缀,便于记忆变量的用途。

### 2.2.1　类型级单位的命名

类(Class)实际上是对某种类型的对象定义变量和方法的原型。它表示对现实生活中一类具有共同特征的事物的抽象,是面向对象编程的基础。它包含有关对象动作方式的信息以及名称、方法、属性和事件。实际上它本身并不是对象,因为它不存在于内存中。当引用类的代码运行时,类的一个新的实例,即对象,就在内存中创建了。虽然只有一个类,但能从这个类在内存中创建多个相同类型的对象。

**1. 类**

Visual C♯是完全面向对象的语言。以 Class 声明的类,都必须以名词或名词短语命名,体现类的作用。例如:

```
Class TestClass
```

当类是一个属性(Attribute)时,以 Attribute 结尾,当类是一个异常(Exception)时,以 Exception 结尾,例如:

```
Class CauseExceptionAttribute
Class ColorSetException
```

当类只需有一个对象实例(全局对象,如 Application 等),必须以 Class 结尾,例如:

```
Class ScreenClass
Class SysteInClass
```

当类只用于作为其他类的基类,根据情况,以 Base 结尾:

```
MustInherit Class IndicatorBase
```

如果定义的类是一个窗体,那么名字的后面必须加后缀 Fom,如果是 Web 窗体,必须加后缀 Page:

```
Class PrintForm: Inherits Fom          // Windows 窗体
Class startPage: Inherits page         // Web 窗体
```

**2. 枚举和结构**

枚举和结构类型必须以名词或名词短语命名,最好体现枚举或结构的特点,如:

```
Enum ColorButtons                      // 以复数结尾,表明这是一个枚举
Struct CustomerInfoRecord              // 以 Record 结尾,表明这是一个结构体
```

**3. 委派类型**

委派类型声明就是定义一个封装特定参数类型和返回值类型的方法体(静态方法或实例方法)的数据类型。例如:

普通的委派类型以描述动作的名词命名,以体现委派类型实例的功能:

```
delegate sub dataseeker (byval seekstring as string)
```

用于事件处理的委派类型,必须以 eventhandler 结尾,例如:

```
delegate sub datachangedeventhandler (byval sender as object,byval e as datachangedeventargs)
```

**4. 接口**

接口不一定必须要由 I 作为前缀,但一般都在接口前面加上这个前缀以将它们区别于类变量。一般用形容词命名,突出表现实现接口的类将具有什么能力:

```
Interface ISortable
```

**5. 模块**

模块不是类型,它的名称一般除了必须以名词命名外,还必须加以后缀 Module:

```
Module SharedFunctionsModule
```

**说明**:上述所有规则的共同特点是,每个组成名称的词语都必须是以大写字母开始,禁止使用完全大写或小写的名称。

## 2.2.2　方法、属性和事件的命名

方法是封装在对象里的一些函数,也就是这个对象能做的一些事情。使用方法的方法

就是调用,如同调用自定义函数一样调用它。

属性是对象所具有的一些性质,是封装在对象里的一些变量。使用属性的方法就是,读取或赋值。

事件是出现某种行为的自动通知,是类的成员,只能在事件处理上下文中使用。

方法、属性和事件都是面向对象的。

**1. 方法**

无论是函数还是子程序,方法都必须以动词或动词短语命名。无需区分函数和子程序,也无需指明返回类型。

```
sub Open(String CommandString)
function SetCopyNumber(int CopyNumber)
```

参数需要指明 ByVal 还是 ByRef,这一点写起来会让程序变长,但非常必要。如果没有特殊情况,都使用 ByVal。参数的命名方法,参考后面"变量的命名方法"。需要重载的方法,需要加上 Overload 关键字,根据需要编写重载的方法。

**2. 属性**

原则上,字段(Field)是不能公开的,要访问字段的值,一般使用属性。属性以简单明了的名词命名:

```
Property Concentration As Single
Property Customer As CustomerTypes
```

**3. 事件**

事件命名的原则一般是动词或动词的分词。

```
public Event MyEventHandler SomeEvent
event click as clickeventhandler
event colorchanged as colorchangedeventhangler
```

## 2.2.3　变量、常量及其他命名

在程序中存在大量的数据来代表程序的状态,其中有些数据在程序的运行过程中值会发生改变,有些数据在程序运行过程中值不能发生改变,这些数据在程序中分别叫做变量和常量。在实际的程序中,可以根据数据在程序运行中是否发生改变,来选择应该是使用变量代表还是常量代表。

**1. 变量和常量**

常量以表明常量意义的名词命名,一般不区分常量的类型:

```
Const single DefaultConcentration = 0.01
```

在严格要求的代码中,常数以 c_ 开头,例如,c_DefaultConcentration,但最好不要用它,它会带来输入困难。

普通类型的变量,只要用有意义的名字命名即可,不可使用简称和无意义的名称诸如 A、x1 等,下面给出具体例子:

```
int Index;
```

```
double NextMonthExpenditure;
string CustomerName;
```

不能起太长的名字，应该尽量简洁，如下面的例子：

```
string VariableUsedToStoreSystemInformation;    // 太复杂了
string SystemInformation;                        // 简单明了
string sysInfo;                                  // 过于简单
```

特殊情况也可以考虑定义一个字母的变量：

```
Boolean b;
```

对于控件，应该指明控件的类型，方法是直接在变量后面加以类名：

```
Button NextPageButton;                           // 按钮
MainMenu MyMenu;                                 // 菜单
```

像这样的例子，还有很多，无须规定某种类型的变量的前缀，只需把类型写在前面就行了。

**2. 作用域和前缀命名**

变量有效性的范围称变量的作用域，所有的变量都有自己的作用域，变量说明的方式不同，其作用域也不同。在变量和函数名中加入前缀以增进人们对 Windows 程序的理解，易于阅读和维护。

1) 变量的作用域及前缀

变量的作用域及前缀如表 2.2.1 所示。

**表 2.2.1　变量的作用域及前缀表**

| 前 缀 | 说 明 | 举 例 |
|-------|-------|-------|
| P | 全局变量 | PstrName |
| St | 静态变量 | StstrName |
| M | 模块或者窗体的局部变量 | MstrName |
| A | 数组 | AintCount[] |

2) 变量数据类型的前缀

变量数据类型的前缀如表 2.2.2 所示。

**表 2.2.2　变量数据类型的前缀表**

| C# 数据类型 | 类库数据类型 | 标准命名举例 |
|-------------|--------------|--------------|
| Sbyte | System. sbyte | Sbte |
| Short | System. Int16 | Sht |
| Int | System. Int32 | Int |
| Long | System. Int64 | Lng |
| Byte | System. Byte | Bte |
| Ushot | System. Uint16 | Usht |
| Uint | System. Uint32 | Uint |
| Ulong | System. Uint64 | Ulng |

| C＃数据类型 | 类库数据类型 | 标准命名举例 |
|---|---|---|
| Float | System. Single | Flt |
| Double | System. Double | Dbl |
| Decimal | System. Decimal | Dcl |
| Bool | System. Boolean | Bol |
| Char | System. Char | Chr |
| Object | System. Object | Obj |
| String | System. String | Str |
| DateTime | System. DateTime | Dte |
| IntPtr | System. Intpre | IntPtr |

## 2.2.4  ADO 组件和窗体控件命名

通过 ADO 的数据源组件和命令组件可以对数据库进行读取数据、写入数据、更新或修改数据、删除数据等操作。窗体控件的一个重要优点就是可以在客户端获得丰富的用户信息。

### 1. ADO. NET 命名

ADO. NET 命名规范如表 2.2.3 所示。

表 2.2.3  ADO. NET 命名规范表

| 数 据 类 型 | 数据类型简写 | 标准命名举例 |
|---|---|---|
| Connection | con | conNorthwind |
| Command | cmd | cmdReturnProducts |
| Parameter | parm | parmProductID |
| DataAdapter | dad | dadProducts |
| DataReader | dtr | dtrProducts |
| DataSet | dst | dstNorthWind |
| DataTable | dtbl | dtblProduct |
| DataRow | drow | drowRow98 |
| DataColumn | dcol | dcolProductID |
| DataRelation | drel | drelMasterDetail |
| DataView | dvw | dvwFilteredProducts |

### 2. 窗体控件的命名规则

窗体控件命名规范如表 2.2.4 所示。

表 2.2.4  窗体控件命名规范表

| 数 据 类 型 | 数据类型简写 | 标准命名举例 |
|---|---|---|
| Label | Lbl | lblMessage |
| LinkLabel | Llbl | llblToday |
| Button | btn | btnSave |
| TextBox | txt | txtName |

| 数 据 类 型 | 数据类型简写 | 标准命名举例 |
|---|---|---|
| MainMenu | mmnu | mmnuFile |
| CheckBox | chk | chkStock |
| RadioButton | rbtn | rbtnSelected |
| GroupBox | gbx | gbxMain |
| PictureBox | pic | picImage |
| Panel | Pnl | pnlBody |
| DataGrid | dgrd | dgrdView |
| ListBox | lst | lstProducts |
| CheckedListBox | clst | clstChecked |
| ComboBox | cbo | cboMenu |
| ListView | lvw | lvwBrowser |
| TreeView | tvw | tvwType |
| TabControl | tctl | tctlSelected |
| DataTimePicker | dtp | dtpStartDate |
| HscrollBar | hsb | hsbImage |
| VscrollBar | vsb | vsbImage |
| Timer | tmr | tmrCount |
| ImageList | ilst | ilstImage |
| ToolBar | tlb | tlbManage |
| StatusBar | stb | stbFootPrint |
| OpenFileDialog | odlg | odlgFile |
| SaveFileDialog | sdlg | sdlgSave |
| FoldBrowserDialog | fbdlg | fgdlgBrowser |
| FontDialog | fdlg | fdlgFoot |
| ColorDialog | cdlg | cdlgColor |
| PrintDialog | pdlg | pdlgPrint |

### 3. WebControl 命名

WebControl 命名规范如表 2.2.5 所示。

表 2.2.5　WebControl 命名规范表

| 数 据 类 型 | 数据类型简写 | 标准命名举例 |
|---|---|---|
| AdRotator | adrt | adrtExample |
| Button | btn | btnSubmit |
| Calendar | cal | btnSubmit |
| CheckBox | chk | chkBlue |
| CheckBoxList | chkl | chklFavColors |
| CompareValidator | valc | valcValidAge |
| CustomValidator | valx | valxDBCheck |
| DataGrid | dgrd | dgrdTitles |
| DataList | dlst | dlstTitles |
| DropDownList | drop | dropCountries |

| 数 据 类 型 | 数据类型简写 | 标准命名举例 |
| --- | --- | --- |
| HyperLink | lnk | lnkDetails |
| Image | img | imgAuntBetty |
| ImageButton | ibtn | ibtnSubmit |
| Label | lbl | lblResults |
| ListBox | lst | lstCountries |
| Panel | pnl | pnlForm |
| PlaceHolder | plh | plhFormContents |
| RadioButton | rad | radFemale |
| RadioButtonList | radl | radlGender |
| RangeValidator | valg | valgAge |
| RegularExpression | vale | valeEmail_Validator |
| Repeater | rpt | rptQueryResults |
| RequiredFieldValidator | valr | valrFirstName |
| Table | tbl | tblCountryCodes |
| TableCell | tblc | tblcGermany |
| TableRow | tblr | tblrCountry |
| TextBox | txt | txtFirstName |
| ValidationSummary | vals | valsFormErrors |
| XML | xmlc | xmlcTransformResults |

**4. 自定义对象**

除了使用 Visual C♯预先定义好的一些对象以外,用户完全可以创建自己的对象。创建对象需要以下 3 个步骤:

(1) 定义一个结构用来说明这个对象的各种属性,以及对各种属性加以初始化。

(2) 创建对象需要的各种方法。

(3) 使用 new 语句创建这个对象的实例。

一个对象含有自己的属性和方法,可以采用如下的方法来访问对象实例的属性:

对象实例名称.属性名称

应该根据自定义对象的名称来确定该对象类型的前缀,例如:

- 对象:SysSet
- 前缀:ss
- 例子:ssSafety

**5. 标签命名**

标签就是用于 goto 跳转的代码标识,由于 goto 并不推荐使用,所以标签的使用也比较苛刻。标签必须全部大写,中间的空格用下画线"_"代替,而且应该以"_"开头,例如:

_A_LABEL_EXAMPLE:

如此定义标签是为了与其他代码元素充分区别。

**6. 名字空间**

通常,一个工程使用一个名字空间,不需要用 Namespace 语句,而是在工程选项的 Root

Namespace 中指定，使用名字空间可以使代码更加整齐，容易修改，这一点是 Visual C♯ 最主要的优点。名字空间的语法是：

公司名.产品名[.组件名的复数]

例如：

```
Namespace COM.NET
Namespace COM.File.IO.Files
```

# 2.3　程序代码书写规范

遵循代码编写规范书写的代码，很容易阅读、理解、维护、修改、跟踪调试、整理文档。

## 2.3.1　格式化

良好的格式化代码编写会给浏览、调试、修改和维护工作带来很大的方便。

**1. 块**

.NET 提供了 ♯Region…♯End Region 块控制，应该根据代码所实现的功能分类并以块的形式组织起来。

**2. 缩进**

每个层次都应该直接以 Tab 进行缩进，而不是 Space(空格键)。

**3. 分行**

如果表达式不适合单行显示，应根据下面通常的原则分行：

- 在一个逗号后换行；
- 在一个操作符后换行；
- 在表达式的高层次处换行；
- 新行与前一行在同一层次，并与表达式的起始位置对齐。

## 2.3.2　注释

适当地在程序中加入注释可以增强程序的可读性，以方便维护人员的维护。注释对调试程序和编写程序亦可起到很好的帮助作用。在程序代码的编写时要注意养成书写注释的良好习惯。

**1. 块注释**

块注释很少使用，通常是用来注释大块的代码。如果希望使用块注释，应该使用下面的风格：

```
/* Line 1
 * Line 2
 * Line 3
 */
```

**2. 单行注释**

应该使用"//"注释一行代码,也可以用它注释代码块。当单行注释用来做代码解释时,必须要缩进到与代码对齐。

**3. 文档注释**

单行 XML 注释的形式如下:

```
/// < summary >
/// This class…
/// </summary >
```

多行 XML 注释的形式如下:

```
/// < exception cref = "BogusException">
/// This exception gets thrown as soon as a
/// Bogus flag gets set.
/// </exception >
```

一般地,要求内容有名称、功能、作者、说明、创建、修改、参数与返回。

## 2.3.3　编码规则

随着数据库应用得越来越广泛,使得代码的编写越来越复杂,源文件也越来越多,对于软件开发人员来说,除了保证程序运行的正确性和提高代码的运行效率之外,规范风格的编码会对软件的升级、修改、维护带来极大的方便,也保证程序员不会陷入"代码泥潭"中无法自拔。

**1. 错误检查规则**

程序人员在编写程序时,错误是难免的,对于语法错误一般由系统可以检查出来,还要注意如下规则:

- 编程中要考虑函数的各种执行情况,尽可能处理所有的流程情况。
- 检查所有的系统调用的错误信息,除非要忽略错误。
- 将函数分为两类:一类与屏幕的显示无关,另一类与屏幕的显示有关。对于与屏幕显示无关的函数,函数通过返回值来报告错误。对于与屏幕显示有关的函数,函数要负责向用户发出警告,并进行错误处理。
- 错误处理代码一般放在函数末尾。
- 对于通用的错误处理,可建立通用的错误处理函数,处理常见的通用错误。

**2. 大括号规则**

将大括号放置在关键词下方的同列处,例如:

```
if ( $ condition)            while ( $ condition)
{                            {
  ⋮                            ⋮
}                            }
```

**3. 小括号规则**

小括号使用规则如下:

- 不要把小括号和关键词(if、while 等)紧贴在一起,要用空格隔开它们。

- 不要把小括号和函数名紧贴在一起。
- 除非必要,不要在 return 返回语句中使用小括号。因为关键字不是函数,如果小括号紧贴着函数名和关键字,二者很容易被看成是一体的。
- if-then-else 规则:如果程序中用到 else if 语句,通常有一个 else 块用于处理未处理到的其他情况,即使在 else 处没有任何动作,也可以放一个记录信息注释在 else 处。其格式为:

```
if (条件 1)                    //注释
  {
  }
  else if (条件 2)             //注释
      {
      }
      else                    //注释
      {
      }
```

**注意**:if 和循环的嵌套最多允许 4 层。

(1) case 规则:default case 总应该存在,如果不允许到达,则应该保证;若到达了就会触发一个错误。case 的选择条件最好使用 int 或 string 类型。

(2) 单语句规则:除非这些语句有很密切的联系,否则每行只写一个语句。

(3) 在单一功能规则的原则上,一个程序单元(函数、例程、方法)只完成一项功能。

(4) 在简单功能规则的原则上,一个程序单元的代码应该限制在一页内(25～30 行)。

(5) 明确条件规则:不要采用默认值测试非零值。

(6) 选用 FALSE 规则:大部分函数在错误时返回 FALSE、0 或 NO 之类的值,但在正确时返回值就不定了(不能用一个固定的 TRUE、1 或 YES 来代表),因此检测一个布尔值时应该用 FALSE、0、NO 之类的不等式来代替。

(7) 独立赋值规则:嵌入式赋值不利于理解程序,同时可能会造成意想不到的副作用,应尽量编写独立的赋值语句。例如:使用"a＝b＋c; e＝a＋d;"而不用"e＝(a＝b＋c)＋d"。

(8) 模块化规则:如果某一功能重复实现一遍以上,即应考虑模块化,将它写成通用函数,并向小组成员发布。同时,要尽可能地利用其他人的现成模块。

(9) 交流规则:共享别人的工作成果,向别人提供自己的工作成果。在具体任务开发中,如果有其他的编码规则,则在相应的软件开发计划中予以明确定义。

## 2.3.4 编码准则

为了保证编写出的程序都符合相同的规范,需要建立一套保证一致性、统一性的程序编码规范。

**1. 变量使用**

- 不允许随意定义全局变量。
- 一个变量只能有一个用途,变量的用途必须和变量的名称保持一致。
- 所有变量都必须在类和函数最前面定义,并分类排列。

**2. 数据库操作**

- 查找数据库表或视图时,只能取出确实需要的那些字段。

- 使用不相关子查询,而不要使用相关子查询。
- 清楚明白地使用列名,而不能使用列的序号。
- 用事务保证数据的完整性。

### 3. 对象使用

尽可能晚地创建对象,并且尽可能早地释放它。

### 4. 模块设计原则

- 不允许随意定义公用的函数和类。
- 函数功能单一,不允许一个函数实现两个及两个以上的功能。
- 不能在函数内部使用全局变量,如要使用全局变量,应转化为局部变量。
- 函数与函数之间只允许存在包含关系,而不允许存在交叉关系,即两者之间只存在单方向的调用与被调用,不存在双向的调用与被调用。

### 5. 结构化要求

- 避免使用 goto 语句。
- 用 if 语句来强调只执行两组语句中的一组。禁止 else goto 和 else return。
- 用 case 实现多路分支。
- 避免从循环引出多个出口。
- 函数只有一个出口。
- 不使用条件赋值语句。
- 避免不必要的分支。
- 不要轻易用条件分支去替换逻辑表达式。

### 6. 表达式函数返回值原则

函数返回值避免使用结构体等复杂类型,如使用 bool 类型,该函数只需要获得成功或者失败的返回信息时使用 int 类型:错误代码用负数表示,成功则返回。

### 7. 代码包规范

每个任务在完成一个稳定的版本后,都应打包并且归档。

(1) 代码包的版本号。代码包的版本号由圆点隔开的两个数字组成,第一个数字表示发行号,第二个数字表示该版的修改号。具体用法如下:

- 当代码包初版时,版本号为 V1.00。
- 当代码包被局部修改或 bug(系统中的漏洞、错误或缺陷)被修正时,发行号不变,修改号第二个数字增 1。例如,对初版代码包作了第一次修订,则版本号为 V1.1。
- 当代码包在原有的基础上增加部分功能,发行号不变,修改号第一个数字增 1,例如,对 V1.12 版的基础上增加部分功能,则新版本号为 V1.20。
- 当代码包有重要修改或局部修订累积较多导致代码包发生全局变化时,发行号增 1。例如,在 V1.15 版的基础上作了一次全面修改,则新版本号为 V2.00。

(2) 代码包的标识。所产生的代码包都有唯一、特定的编码,其构成如下:

S-项目标识-代码包类型-版本号/序号

其中,

- S:本项目的标识,表明本项目是"XXXX";

- 项目标识：简要标识本项目，此标识适用于整个项目的文档；
- 代码包类型：取自表 2.2.6 中的两位字母编码，项目中所有代码包的标识清单将在《项目开发计划》中予以具体定义；

表 2.2.6　项目的代码包分类表

| 类　型 | 编码 | 注　释 |
| --- | --- | --- |
| RAR 包（Web）源码文件 | WS | 源代码文件包 |
| 编译文件 | WB | 编译文件包 |
| 安装文件 | WI | 安装文件包 |
| 源码代码 ＋ 安装文件 | WA | 源代码和安装文件包 |

- 版本号：本代码包的版本号；
- 序号：四位数字编码，指明该代码包在项目代码库的总序号。

例如：一个 Windows 下 RAR 源码的压缩代码包命名为

S - XXXX - WS - V1.02/0001

## 2.3.5　代码的控制

源代码控制确定了在多个开发人员同时访问项目文件时如何对其进行版本控制和维护。

（1）代码库/目录的建立：项目负责人在 Visual Source Safe（VSS，作为 Microsoft Visual Studio 的一名成员，它主要任务就是负责项目文件的管理中建立项目的文档库目录）中建立项目的文档库目录，即为 Software 目录，以便快速查询。

（2）代码归档：所有代码在完成一个稳定的版本后，项目负责人都应打包，存放于 VSS 中 Software 目录下，并且依据代码包的命名规范为代码包分配一个唯一名称。

## 2.3.6　输入控制校验规则

（1）登录控制用户登录 ID 和登录密码，要限定输入长度范围，必须检查输入合法性。

（2）数据录入控制，要注意下面两个方面的内容：

① TextBox 输入：

- 要保持用户输入和数据库接收的长度一致。
- 必须进行输入合法性校验，如 E_mail 格式为 ×××@×××.×××…、电话格式为 010-12345678 或（010）12345678、邮政编码是六位等。

② 除 CheckBox、RadioButton 外，禁止在 DataGrid 内嵌入其他编辑控件，用以添加编辑数据。

## 2.3.7　数据库命名规范

如在本系统中，SQL Server 遵循以下命名规范：

- 表命名：用一个或三个以下英文单词组成，单词首字母大写，如 DepartmentUsers。
- 表主键名称为：表名＋ID，如 Document 表的主键名为 DocumentID。

- 存储过程命名：表名＋方法，如 p_my NewsAdd、p_my_NewsUpdate。
- 视图命名：View 表名，如 ViewNews。
- Status 为表中状态的列名，默认值为 0，在表中删除操作将会改变 Status 的值而不真实删除该记录。
- Checkintime 为记录添加时间列，默认值为系统时间。
- 表、存储过程、视图等对象都为 dbo，不要使用数据库用户名，这样会影响数据库用户的更改。

数据库应用系统设计规范

# 第3章 项目开发计划撰写规范

课程设计是根据教学计划和课程教学目标的要求,将一门或几门课程中有关知识综合运用,是对学生进行项目设计思想和设计方法的初步训练,使学生掌握基本的项目设计方法。项目开发计划设计是项目开发过程中的一个重要环节,目的是保证项目开发过程中各个环节的更好落实,提高项目开发的质量,规划项目管理。本章编写的目的是通过课程设计的教学,使学生了解工程项目开发过程中的项目设计计划的撰写规范,为将来学生参加工程项目的开发打下基础。

## 3.1 项 目 计 划

在大型工程项目中,项目计划的制定是件非常重要但又非常有难度的事情。

### 3.1.1 引言

项目计划的制定是提高工作效率,节约成本,科学合理的制定及执行工作计划是非常行之有效的方法之一。

**1. 编写目的**

说明编写该项目计划的目的,并指出预期的读者。

例如,为了保证项目团队按时保质地完成项目目标,便于团队成员更好地了解项目情况,使项目工作开展的各个过程合理有序,因此以文件化方式,把对于在项目生命周期内的工作任务范围、各项工作的任务分解,明确项目团队组织自身、各团队成员的工作责任,职责范围,并将团队内外沟通协作方式、开发进度、经费预算、项目内外条件、风险对策等内容做出的安排给出书面的方式。项目团队成员与项目主持人、项目团队与用户之间要有共识和约定,项目生命周期内的所有项目活动的行动基础,作为项目团队开展和检查项目开展的依据。

**2. 背景**

背景部分主要说明项目的来历,一些需要项目团队成员知道的相关情况和内容包括下面8项:

(1) 项目的名称:经过与客户商定或经过立项手续统一确定项目名称。

(2) 项目的委托单位:如果是根据合同进行的软件开发项目的委托单位就是合同中的甲方;如果是自行研发的软件产品,项目的委托单位就是本企业。

(3) 项目的用户(单位):软件或网络的使用单位,可以泛指某个用户群。

（4）项目的任务提出者：本企业内部提出需要完成此项目者，一般是领导或商务人员。

（5）项目的主要承担部门：有些企业根据行业方向或工作性质不同把软件开发分成不同的子部门。一般一个项目的项目成员可能由不同的部门组成，甚至可能由研发部门、开发部测试部门、集成部门、服务部门等其中几个组成。需要根据项目所涉及的范围确定本项目的主要承担部门。

（6）项目建设背景：从政治环境上、业务环境上说明项目的建设背景，说明项目的大环境、来龙去脉。这有利于项目成员更好地理解项目目标和各项任务。

（7）软件系统与其他系统的关系：说明与本系统有关的其他系统，说明它们之间的相互依赖关系。这些系统可以是这个系统的基础性系统（一些数据、环境须依靠这个系统才能运行），也可以是以这个系统为基础的系统，或者是两者兼而有之系统、互相依赖的系统。

（8）软件系统与机构的关系：说明软件系统除了委托单位和本单位，还与哪些机构组织有关系。

**3. 术语定义**

在术语定义部分要列出理解本计划书所用到的专门术语的定义，以及外文缩写词的原词及中文解释。注意尽量不要对一些业界使用的通用术语进行另外的定义，避免使它的含义和通用术语的惯用含义不一致。

**4. 参考资料**

参考资料列出本计划书中所引用的及相关的文件资料和标准的作者、标题、编号、发表日期和出版单位，必要时说明得到这些文件资料和标准的途径。

**5. 标准、条约和约定**

标准、条约和约定部分列出在本项目开发过程中必须遵守的标准、条约和约定。例如，相应的《立项建议书》《项目任务书》、合同、国家标准、行业标准、上级机关有关通知和实施方案、相应的技术规范等。

"参考资料"应该具有"物质"特性，一般要说明参照了什么，在哪里可以获得；"标准、条约和约定"应该具有"精神"特性，一般是必须遵守的，不必说明在哪里可以获得。参考资料的内容应该涵盖"标准、条约和约定"。

## 3.1.2 项目概述

软件项目计划的目标是提供一个框架，使得管理者能够对资源、成本及进度进行合理的估算。这些估算是软件项目开始时在一个限定的时间框架内所做的，并且随着项目的进展不断地更新。此外，估算应该定义"最好的情况"及"最坏的情况"，使得项目的结果能够限制在一定范围内。

**1. 项目目标**

项目目标部分设定项目目标就是把项目要完成的工作用清晰的语言描述出来，让项目团队每一个成员都有明确的概念。注意，不要简单地说成在何时完成开发何种软件系统或完成哪些软件安装集成任务。"要完成一个系统"只是一个模糊的目标，它还不够具体和明确。明确的项目目标应该指出了服务对象，所开发软件系统最主要的功能和系统本身的比较深层次的社会目的或系统使用后所起到的社会效果。

项目目标可以进行横向的分解也可以进行纵向的分解。

- 横向分解一般按照系统的功能或按照建设单位的不同业务要求,例如,分解为第一目标、第二目标等。
- 纵向的分解一般是指按照阶段,例如,分解为第一阶段目标、第二阶段目标等,或近期目标、中期目标、远期目标等。阶段目标一般应当说明目标实现的较为明确的时间。

一般要在说明了总目标的基础上再说明分解目标,可加上"为实现项目的总目标,必须实现以下三个阶段目标……"。

**2. 产品目标与范围**

根据项目输入(如合同、立项建议书、项目技术方案、标书等)说明此项目要实现的软件系统产品的目的与目标及简要的软件功能需求。对项目成果(软件系统)范围进行准确清晰的界定与说明,是软件开发项目活动开展的基础和依据。软件系统产品目标应当从用户的角度,说明开发这一软件系统是为了解决用户的哪些问题。例如,"提高工作信息报送与反馈工作效率,更好地进行工作信息报送的检查监督,提高信息的及时性、汇总统计信息的准确性,减轻各级相关工作人员的劳动强度。"

**3. 假设与约束**

假设与约束部分对于项目必须遵守的各种约束(时间、人员、预算、设备等)进行说明。这些内容将限制你实现什么、怎样实现、什么时候实现、成本范围等种种制约条件。

假设是通过努力可以直接解决的问题,而这些问题是一定要解决才能保证项目按计划完成。例如,"系统分析员必须在 3 天内到位"或"用户必须在某月某日前确定对需求文档进行确认"。

约束一般是难以解决的问题,但可以通过其他途径回避或弥补、取舍。例如,人力资源的约束限制,就必须牺牲进度或质量等。

假设与约束是针对比较明确会出现的情况,如果问题的出现具有不确定性,则应该在风险分析中列出,分析其出现的可能性(概率)、造成的影响、应当采取的相应措施。

**4. 项目工作范围**

项目工作范围部分说明为实现项目的目标需要进行哪些工作。在必要时,可描述与合作单位和用户的工作分工。

- 产品范围界定:软件系统产品本身范围的特征和功能范围。
- 工作范围界定:为了能够按时保质交付一个有特殊的特征和功能的软件系统产品所要完成的那些工作任务。

产品范围的完成情况是参照客户的需求来衡量的,而项目范围的完成情况则是参照计划来检验的。这两个范围管理模型间必须要有较好的统一性,以确保项目的具体工作成果,能按特定的产品要求准时交付。

**5. 应交付成果**

应交付成果部分在项目管理中,始终都非常关注交付成果(deliverable)。完成全部交付成果,就意味着覆盖了全部的项目范围,所有的项目活动、项目资源,都是为了有效完成这些交付成果而发生的,交付成果在很大程度上反映了项目目标的要求。

1）需完成的软件

列出需要完成的程序的名称、所用的编程语言及存储程序的媒体形式。其中软件对象可能包括源程序、数据库对象创建语句、可执行程序、支撑系统的数据库数据、配置文件、第三方模块、界面文件、界面原稿文件、声音文件、安装软件、安装软件源程序文件等。

2）需提交用户的文档

列出需要移交给用户的各种文档的名称、内容要点及存储形式。例如，需求规格说明书、帮助手册等。此处需要移交用户的文档可参考合同中的规定。

3）需提交内部的文档

可根据 GB 8567—88《计算机软件产品开发文件编制指南》结合各企业实际情况调整制定。

4）应当提供的服务

根据合同或某重点建设工作需要，列出将向用户或委托单位提供的各种服务。例如，培训、安装、维护和运行支持等。具体的工作计划，例如，需要编制现场安装作业指导书、培训计划等，应当在本计划"总体进度计划"中列出。

**6. 项目开发环境**

项目开发环境部分说明开发本软件项目所需要的软硬件环境和版本。例如，操作系统、开发工具、数据库系统、配置管理工具、网络环境。环境可能不止一种，例如，开发工具可能需要针对 ASP 的，也需要针对 ASP. NET 的。有些环境可能无法确定，需要在需求分析完成或设计完成后才能确定所需要的环境。

**7. 项目验收方式与依据**

项目验收方式与依据部分说明项目内部验收和用户验收的方式。例如，验收包括交付前验收、交付后验收、试运行（初步）验收、最终验收、第三方验收、专家参与验收等。项目验收依据主要有标书、合同、相关标准、项目文档（最主要是需求规格说明书）。

## 3.1.3 项目团队组织

项目团队的组织是管理信息系统成功开发的重要因素之一。管理信息系统的建设是比较大的工程项目，必须进行任务的分解，由不同的人员共同来完成，团队的各成员之间既有分工又要有密切的合作。

**1. 组织结构**

项目的组织结构可以从所需角色和项目成员两个方面描述。所需角色主要说明为了完成本项目任务，项目团队需要哪些角色构成，例如，项目经理、计划经理、系统分析员（或小组）、构架设计师、设计组、程序组、测试组等。组织结构可以用图形来表示，可以采用树形图，也可以采用矩阵式图形，同时说明团队成员来自于哪个部门。除了图形外，可以用文字简要说明各个角色应有的技术水平。

**2. 人员分工**

人员分工部分确定项目团队的每个成员属于组织结构中的什么角色，他们的技术水平、项目中的分工与承担的任务，可以用列表方式说明，具体编制时按照项目实际组织结构编写。如表 2.3.1 所示是一个简单的人员分工列表。

表 2.3.1　人员分工列表

| 姓　　名 | 专业方向 | 承担任务 | 工　　作 |
|---|---|---|---|
| ××× | ××× | 项目管理、前期分析、设计 | 分析系统需求、项目计划、项目团队管理、检查进度 |
| ××× | ××× | 分析、设计、编码 | 分析新功能、软件框架扩展、代码模块分配、数据库设计说明书 |
| ××× | ××× | 分析、设计 | 数据交换、安装程序、安装手册 |
| ××× | ××× | 设计、编码 | 数据加载分析 |
| ××× | ××× | 设计 | 项目后期总体负责、加载程序编写 |
| ××× | ××× | 设计、编码 | 数码相机照片读取剪切模块设计 |
| ××× | ××× | 测试 | 对软件进行测试、软件测试文档 |
| ××× | ××× | 文档编写、测试 | 用户操作手册 |

**3. 协作与沟通**

项目的沟通与协作首先应当确定协作与沟通的对象,就是与谁协作、沟通。沟通对象应该包括所有与项目有关的人员,即所有项目团队成员、项目接口人员、项目团队外部相关人员等。其次应当确定协作模式与沟通方式,沟通方式如会议、使用电话、内部邮件、外部邮件、聊天室等。其中邮件沟通应当说明主送人、抄送人;聊天室沟通方式应当约定时间周期;而协作模式主要说明在出现什么状况的时候各个角色应当(主动)采取什么措施,包括沟通,如何互相配合来共同完成某项任务;定期的沟通一般要包括项目阶段报告、项目阶段计划、阶段会议等。

1) 项目团队内部协作

说明在项目开发过程中项目团队内部的协作模式和沟通方式、频次、沟通成果记录办法等内容。

2) 项目接口人员

应当说明接口工作的人员,即他们的职责、联系方式、沟通方式、协作模式,包括下列几项内容:

- 负责本项目同用户的接口人员。
- 负责本项目同企业各管理机构,例如,计划管理部门、合同管理部门、采购部门、质量管理部门、财务部门等的接口人员。
- 负责本项目同分包方的接口人员。

3) 项目团队外部沟通与协作模式。

项目团队外部包括企业内部管理协助部门、项目委托单位、客户等。

# 3.2　配　置　计　划

当软件开发团队发展到一定规模时,会越来越强调开发过程规范化和成熟度。软件项目的成败在很大程度上取决于对其开发过程的控制,这包括对质量、源代码、进度、资金、人员等的控制。软件配置管理可以帮助开发团队对软件开发过程进行有效地变更控制,高效地开发高质量的软件。在质量体系的诸多支持活动中,配置管理处在支持活动的中心位置,它有机地把其他支持活动结合起来,形成一个整体,相互促进,相互影响,有力地保证了质量体系的实施。

我国国家标准 GB/T 12505—90，定义了计算机软件配置管理计划规范。该规范规定了在制定软件配置管理计划时应该遵循的统一的基本要求。

软件配置管理计划的目的是：引言、管理、软件配置管理活动、工具、技术和方法、对供货单位的控制、记录的收集、维护和保存等项内容。

### 3.2.1　引言

项目管理工作要有一个规章制度，项目要制定计划，并把这个计划作为一个规范或程序。一个完善的项目配置计划是项目成功的关键因素之一。

**1. 目的**

该项必须指明特定的软件配置管理计划的具体目的，还必须描述该计划所针对的软件项目及其所属的各个子项目的名称和用途。

**2. 定义和缩写词**

定义和缩写词部分应该列出计划正文中需要解释的，而在 GB/T 11457 中尚未包含的术语的定义，必要时，还要给出这些定义的英文单词及其缩写词。

**3. 参考资料**

参考资料中必须列出计划正文中所引用资料的名称、代号、编号、出版机构和出版年月。

### 3.2.2　管理

管理部分描述负责软件配置管理的机构、任务、职责及其有关的接口控制。

**1. 机构**

机构部分描述在各阶段中负责软件配置管理的机构。描述的内容如下所述：

- 描述在软件生存周期各阶段中软件配置管理的功能和负责软件配置管理的机构。
- 说明项目和子项目与其他有关项目之间的关系。
- 指出在软件生存周期各阶段中的软件开发或维护机构与配置控制组的相互关系。

**2. 任务**

任务部分描述在软件生存周期各个阶段中的配置管理任务，以及要进行评审的检查工作，并指出各个阶段的阶段产品应存放在哪一类软件库中（软件开发库、软件受控库或软件产品库）。

**3. 职责**

职责部分描述与软件配置管理有关的各类机构或成员的职责，并指出这些机构或成员相互之间的关系。主要包括下述内容：

- 指出负责各项软件配置管理任务（例如，配置标识、配置控制、配置状态记录以及配置的评审与检查）的机构的职责。
- 指出上述机构与软件质量保证机构、软件开发单位、项目承办单位、项目委托单位以及用户等机构的关系。
- 说明生存周期各个阶段的评审、检查和审批过程中的用户职责以及相关的开发与维护活动。
- 指出与项目开发有关的各个机构的代表的软件配置管理职责。

- 指出其他特殊职责,例如,为满足软件配置管理要求所必要的批准要求。

### 4. 接口控制

接口控制部分描述的内容如下所述:

- 接口规格说明标识和文档控制的方法。
- 对已交付的接口规格说明和文档进行修改的方法。
- 对要完成的软件配置管理活动进行跟踪的方法。
- 记录和报告接口规格说明和文档控制状态的方法。
- 控制软件和劫持它运行的硬件之间的接口的方法。

### 5. 实现

实现部分应该规定实现软件配置管理计划的主要里程碑,例如下面所述的几项内容:

- 建立配置控制组。
- 确定各个配置基线。
- 建立接口控制协议。
- 制定评审与检查软件配置管理计划和规程。
- 制定相关的软件开发、测试工具的配置管理计划和规程。

### 6. 适用的标准、条例和约定

适用的标准、条例和约定部分必须包括以下内容:

(1)指明所适用的软件配置管理标准、条例和约定,并把它们作为本计划要实现的一部分;还必须说明这些标准、条例和约定要实现的程度。

(2)描述要在本项目中编写和实现的软件配置管理标准、条例和约定。

这些标准、条例和约定可以包括以下的内容:

- 软件结构层次树中软件位置的标识方法。
- 程序和模块的命名约定。
- 版本级别的命名约定。
- 软件产品的标识约定。
- 规格说明、测试计划与测试规程、程序设计手册及其他文档的标识方法。
- 媒体和文档管理的标识方法。
- 文档交付过程。
- 软件产品库中软件产品入库、移交或交付的过程。
- 配置控制组的结构和作用。
- 软件产品交付给用户的验收规程。
- 软件库的操作,包括准备、存储和更新模块的方法。
- 软件配置管理活动的检查。
- 问题报告、修改请求或修改次序的文档要求,指出配置修改的目的和影响。
- 软件进入配置管理之前的测试级别。
- 质量保证级别,例如,在进入配置管理之前,验证软件满足有关基线的程序。

(3)软件配置管理活动必须描述配置标识、配置控制、配置状态记录与报告以及配置检查与评审四方面的软件配置管理活动的需求。

### 3.2.3 配置标识

配置标识是定义每个基线如何建立的过程,并且描述组成基线的软件配置项和相关的文档。首先,软件必须被划分成配置项。一旦配置项和它的组件被选定,就要制定一些设计软件项的方法,主要是命名和编号方案,用于标识代码、数据以及和它们相关的文档。最后,必须在文档中描述每个配置项的功能、性能和物理特性。

**1. 软件项目基线**

软件项目基线部分必须详细说明软件项目的基线(即最初批准的配置标识),并把它们与软件生存周期的特定阶段相联系。在软件生存周期中,主要有 3 种基线,即功能基线、指派基线和产品基线。对于每个基线,必须描述的内容如下所述:

- 每个基线的项(包括应交付的文档和程序)。
- 与每个基线有关的评审与批准事项以及验收标准。
- 在建立基线的过程中用户和开发者可参与的情况。

例如,在产品基线中,要定义的元素可以包括下列几项内容:

- 产品的名字和命名规则。
- 产品标识编号。
- 对每一个新交付的版本,要给出版本交付号、新修改的描述、修改交付的方法、对支持软件的修改要求以及有关文档的修改要求。
- 安装说明。
- 已知的缺陷和故障。
- 软件媒体和媒体标识。

**2. 命名和编号方案**

在命名和编号方案中必须描述本项目所有软件代码和文档的标题、代号、编号以及分类规程。例如,对代码来说有如下内容:

- 编译日期可以作为每个交付模块标识的一部分。
- 在构造模块源代码的顺序行号时,应使它适合于对模块作进一步的修改。

### 3.2.4 配置控制

配置控制是一系列的处理过程,包括评估、协调和决定是否采纳变更配置项的建议,如果建议被通过,也包括对基线软件和相关文档进行修改的过程。变更控制过程保证对任何软件项的修改在严格的工程控制下按计划进行。

(1) 本项必须描述在本计划描述的软件生存周期中各个阶段使用的修改批准权限的级别。

(2) 本项必须定义对已有配置的修改建议进行处理的方法,其中包括下列四项:

- 描述软件生存周期中各个阶段提出建议的程序(可以用标注自然语言的流程图来表达)流程。
- 描述实现已批准的修改建议(包括源代码、目标代码和文档的修改)的方法。
- 描述软件控制的规程,其中包括存取控制、对于适用基线的读写保护、成员保护、成员标识、档案维护、修改历史以及故障恢复等 7 项规程。

项目开发计划撰写规范

- 如果有必要修补的目标代码,则要描述其标识和控制的方法。

(3) 对于各个不同层次的配置控制组和其他修改管理机构,本条必须注意下列几项内容:

- 定义其作用,并规定其权限和职责。
- 如果已组成机构,则指明该机构的领导人员及其成员。
- 如果还没有组成机构,则说明怎样任命该机构的领导人、成员及代理人。
- 说明开发者和用户与配置控制组的关系。

(4) 当要与不属于本软件配置管理计划适用范围的程序和项目进行接口时,本条必须说明对其进行配置控制的方法。如果这些软件的修改需要其他机构在配置控制组评审之前或之后进行评审,则本条必须描述这些机构的组成、它们与配置控制组的关系以及它们之间的相互关系。

(5) 本项必须说明与特殊产品(例如,非交付的软件、现存软件、用户提供的软件和内部支持软件)有关的配置控制规程。

### 3.2.5 配置状态的记录和报告

配置状态统计用于跟踪对软件的修改。确保软件项的状态被记录、监控,并可报告影响软件基线的活动。本项必须描述下列几项内容:

- 指明怎样收集、验证、存储、处理和报告配置项的状态信息。
- 详细说明要定期提供的报告及其分发办法。
- 如果有动态查询,要指出所有动态查询的能力。
- 如果要求记录用户说明的特殊状态时,要描述其实现手段。

例如,在配置状态记录和报告中,通常要描述的信息有下列几项:

- 规格说明的状态。
- 修改建议的状态。
- 修改批准的报告。
- 产品版本或其修改版的状态。
- 安装、更新或交付的实验报告。
- 用户提供的产品(如操作系统)的状态。
- 有关开发项目历史的报告。

**1. 配置的检查和评审**

配置的检查和评审部分描述的内容如下所述:

- 定义在软件配置计划及软件生存周期的特定点上执行的检查和评审中软件配置管理计划的作用。
- 规定每次检查和评审所包含的配置项。
- 指出用于标识和解决在检查和评审期间所发现的问题的工作规程。

**2. 工具、技术和方法**

工具、技术和方法部分必须指明为支持特定项目的软件配置管理所使用的软件工具、技术和方法,指明它们的目的,并在开发者所有权的范围内描述其用法。例如,可以包括用于下列任务的工具、技术和方法:

- 软件媒体和媒体的标识。
- 把文档和媒体置于软件配置管理的控制之下,并把它正式地交付给用户。例如,要给出对软件库内的源代码和目标代码进行控制的工具、技术和方法的描述;如果用到数据库管理系统,则还要对该系统进行描述。又如,要指明怎样使用软件库工具、技术和方法来处理软件产品的交付。
- 编制关于程序及其有关文档的修改状态的文档。因此必须进一步定义用于准备多种级别(例如,项目负责人、配置控制小组、软件配置管理人员和用户)的管理报告的工具、技术和方法。

**3. 对供货单位的控制**

供货单位是指软件销售单位、软件开发单位或软件子开发单位。必须规定对这些供货单位进行控制的管理规程,从而使从软件销售单位购买的、其他开发单位开发的或从开发单位现存软件库中选用的软件能满足规定的软件配置管理需求。管理规程应该规定在本软件配置管理计划的执行范围内控制供货单位的方法;还应解释用于确定供货单位的软件配置管理能力的方法,以及监督他们遵循本软件配置管理计划需求的方法。

**4. 记录的收集、维护和保存**

记录的收集、维护和保存部分必须指明要保存的软件配置管理文档,指明用于汇总、保护和维护这些文档的方法和设施(其中包括要使用的后备设施),并指明要保存的期限。

# 3.3　开　发　计　划

编制项目开发计划的目的是用文件的形式,把对于在开发过程中各项工作的负责人员、开发进度、所需经费预算,所需软、硬件条件等问题做出的安排记载下来,以便根据本计划开展和检查本项目的开发工作。

每个项目都需要一份项目开发计划,并且要形成规范的文档,这是因为:

(1)通过制定计划,使得小组和有关管理人员,对项目有关事项,如资源配备、风险化解、人员安排、时间进度、内外接口等形成共识,形成事先约定,避免事后争吵不清。

(2)通过计划实施,可以使得一些支持性工作以及并行工作及时得到安排,避免因计划不周造成各子流程之间的相互牵掣。比如测试工具的研发,人员的培训都是需要及早计划和安排的。可以使项目实施人员明确自己的职责,便于自我管理和自我激励。

(3)计划可以有效地支持管理,作为项目经理、业务经理、QA 经理、测试经理们对开发工作跟踪和检查的依据;做好事先计划,就可以使注意力专心于解决问题,而不用再去想下一步做什么。

(4)计划与项目总结密切相关,项目总结其实就是把实际运行情况与项目计划不断比较以提炼经验教训的过程。通过计划和总结项目过程中的经验和教训,得到进一步的记录和升华,成为"组织财富"。

# 第4章 学生成绩管理系统

本章通过对学生成绩查询系统程序的编制,来向读者展示课程设计中应用程序的编写方法。该案例是一个简单的成绩查询系统,管理员可以添加、修改和删除学生课程成绩信息,学生可以查询相关课程的成绩。本案例涉及到的功能比较少,有兴趣的读者可以在此基础上自行设计,增加一些其他的功能,譬如,学生登录后,可以修改自己的登录密码,可以查阅自己的档案信息,可以设置管理员权限,可以对学期、课程进行添加、修改和删除等。

## 4.1 系 统 分 析

随着社会信息量的与日俱增,学校需要有一个很好的学生成绩管理系统,以方便对学生的成绩进行有效的管理。系统应具有既方便学校对学生成绩的管理,也方便学生对自己的成绩和获得的学分进行查询的功能。

本案例设计实现的"学生成绩管理系统",具有数据操作方便、高效、迅速等优点。该软件采用功能强大的数据库软件和 ASP 开发工具进行开发,具有很好的可移植性。同时,可通过访问权限控制功能,确保数据的安全性。使用该系统既能把管理人员从繁琐的数据计算中解脱出来,使其有更多的精力从事教务管理政策的研究实施,教学计划的制定执行和教学质量的监督检查,从而全面提高教学质量,同时也能减轻任课教师的负担,使其有更多的精力投入到教学和科研中,其最主要的功能是能够便于学校的管理。

### 4.1.1 系统现状

学生成绩管理系统对学校进行学生课程成绩的管理和发布是非常重要的。现在许多学校都有自己的成绩管理系统。学生可以在校园网上或通过 Internet 输入自己的学号和密码就能查询自己的学习成绩。通常在成绩查询系统中会详细地记录学生的课程成绩,这样既方便了学生,同时也方便了操作员的成绩录入和成绩修改。

成绩管理系统是校园网中最常用的系统,它的一个基本作用就是为学校提供学生课程信息发布的平台。本案例使用 ASP 技术动态地生成成绩显示的静态页面,使课程成绩的发布和管理变得很轻松。使用 SQL Server 数据库,可以减轻维护人员的工作量,使系统便于维护和管理。

### 4.1.2 用户需求

成绩管理系统可以实现学生课程信息管理。其操作简单安全,从而有效地提高了工作效率和质量。成绩查询系统可以实现以下几个方面的功能:

- 为学校提供学生课程成绩发布的平台。
- 为学校中的每个学生设置相应的登录学号和密码。
- 学生通过输入自己的学号和密码正确登录后即可进入该系统。
- 学生可以按学期、课程名称等来查询自己的课程成绩。
- 管理员可以按班级或按学生来登记学生成绩。
- 管理员可以编辑和删除学生的课程成绩。
- 系统具有设置管理员权限等功能。

总之,通过本系统的开发,可以实现学生成绩的各类查询功能、学生成绩发布平台、管理员输入学生成绩、管理员修改和删除学生课程成绩等功能。

# 4.2　系统概要设计

根据不同的用户,本章所介绍的成绩查询系统可以分为以下两个功能区。

**1. 学生功能区**

学生输入学号和密码正常登录该系统后,可以进行如下操作:

(1)成绩查询:学生进入该系统后可查询出指定学期的所有课程成绩。

(2)退出系统:学生查询完成绩后可以退出登录状态。

**2. 管理员功能区**

管理员通过输入的账号和密码正常登录该系统后,可以进行如下操作:

(1)可以查询出指定班号、指定科目的所有成绩;可以查询出指定学号、指定科目的所有成绩。

(2)可以以班级或学生为单位添加、修改和删除学生课程成绩。

管理员操作完毕后可以退出登录状态。

## 4.2.1　系统构架

本系统设计流程是:首先创建成绩查询系统数据库,再设计该系统的功能,然后编写源代码实现系统功能,并在表示层制作与用户对话界面。将系统上传到 Internet 进入应用层后,用户使用该系统。

流程对应的系统构架为:数据层→设计数据服务→配置系统信息→表示层→应用层→用户接口层。

系统总体构架如图 2.4.1 所示。

## 4.2.2　系统功能模块设计

系统主要功能如下所示:

- 管理员管理功能,管理员负责整个系统的后台管理。
- 管理员添加、修改和删除学生成绩功能。
- 学生查询指定学期课程成绩功能。
- 管理员/学生退出系统功能。

系统主要分为如下三大功能模块。

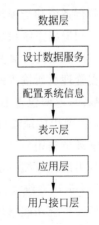

图 2.4.1　系统总体框图

### 1. 公用模块

公用模块属于系统公用部分,系统中任何页面需要用此模块时直接调用即可。此模块包括数据库连接文件、层叠样式表文件。此模块负责与数据库的连接和定义页面风格。可以将这些公用的代码放在一个文件中,这样既可以减少源代码,也可以使整个系统紧凑有序。

### 2. 前台系统功能模块

前台系统功能模块用于实现学生功能区的所有功能,由学生登录模块、学生查分模块和退出系统模块组成。这三个模块的功能如下:

(1)学生登录模块:此模块包括学生登录和检查学生登录信息功能。此模块负责根据学生所输入的学号和密码判断该用户是否合法,以及具有哪些操作权限,并根据不同的权限,返回包含不同模块的页面。

(2)学生查分模块:此模块包括学生成绩查询页。学生正常登录该系统后,可以查询出指定学期的所有课程成绩。

(3)退出系统模块:此模块包括退出系统页。此模块在该系统中对学生用户/管理员类用户开放,负责结束学生用户/管理员类用户在登录模块所获得的 Session 变量,退出本系统,返回到系统首页。

前台系统功能模块图如图 2.4.2 所示。

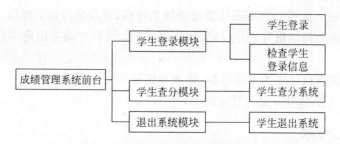

图 2.4.2　前台系统功能模块图

### 3. 后台系统功能模块

后台系统功能模块用于实现管理员功能区的所有功能,由管理员登录模块、课程成绩管理模块和退出系统模块组成。这 3 个模块的功能如下:

(1)管理员登录模块:此模块包括管理员登录和检查管理员登录信息功能。此模块负责根据管理员所输入的账号和密码判断该用户是否合法,以及具有哪些操作权限,并根据不同的权限,返回包含不同模块的页面。

(2)课程成绩管理模块:此模块包括管理员添加、修改和删除课程成绩功能。此模块只对管理员类用户开放。系统管理员登录后,进入该模块,在该模块中可以看到操作条件选择页分为课程成绩添加和课程成绩修改,单击它们的链接即可进入相应的页面。

(3)退出系统模块:此模块与前台管理模块中的退出系统模块是一样的。

后台系统功能模块如图 2.4.3 所示。

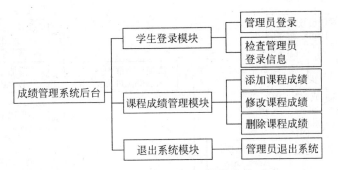

图 2.4.3　后台系统功能模块图

## 4.2.3　系统总体设计

系统总体设计是指关于对象系统的总体机能以及和其他系统的相关方面的设计。也包括基本环境要求，用户界面的基本要求等。

**1. 总体结构**

成绩管理系统主要通过 14 个页面来实现学生功能区和管理员功能区。各个页面之间的关系如下。

1）公用模块

数据库连接页面 Conn.asp、层叠样式表页面 Css.css，其他页面引用它们时直接调用即可。

2）前台系统结构

成绩管理系统的前台系统结构流程如图 2.4.4 所示。

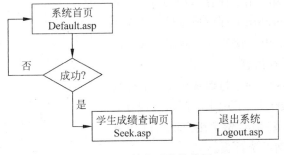

图 2.4.4　前台系统结构图

3）后台系统结构

成绩管理系统的后台系统结构流程如图 2.4.5 所示。

**2. 各页面功能分配**

该系统页面功能如下：

- Conn.asp：数据库连接的基本信息。
- Css.css：层叠样式表文件，定义页面风格。
- Default.asp：成绩查询系统首页，也是学生登录页，用于学生登录。
- Seek.asp：查询并显示学生课程成绩。
- Login.asp：管理员管理页，用于管理员登录。

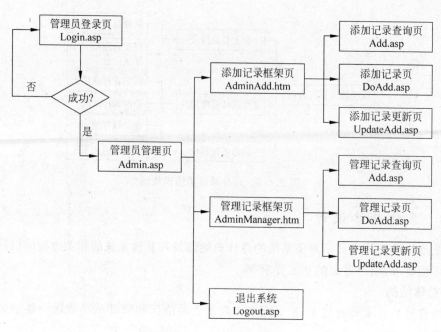

图 2.4.5　后台系统结构图

- AdminAdd.htm：课程成绩添加框架页。
- Add.asp：用于管理员查询需要添加成绩的
  学生信息和课程信息。
- DoAdd.asp：用于管理员添加课程成绩。
- UpdateAdd.asp：用于保存添加的课程成绩。
- AdminManager.htm：课程成绩管理框架页。
- Manager.asp：用于管理员查询需要管理的
  学生信息和课程信息。
- DoManager.asp：用于修改或删除课程成绩。
- UpdateManager.asp：用于更新课程成绩。
- Logout.asp：管理员/学生用户退出已登录
  状态，并返回到系统首页。

**3. 学生查分模块工作流程**

学生查分模块工作流程如图 2.4.6 所示。

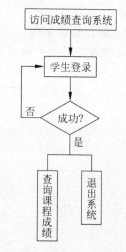

图 2.4.6　学生查分流程图

# 4.3　数据库设计

　　数据库设计是指根据用户的需求，在某一具体的数据库管理系统上，设计数据库的结构和建立数据库的过程。

## 4.3.1　设计思想

　　系统采用 SQL Server 2005 作为后台数据库。通过分析要在数据库中存储以下基本信息。

- 管理员信息：管理员 ID 号、管理员账号、管理员密码。
- 学生信息：学生学号、学生姓名、学生密码。
- 课程信息：课程编号、课程名称。
- 成绩信息：成绩 ID 号、学生学号、课程编号、课程成绩、备注信息、学期名称。
- 学期信息：学期 ID 号、学期名称。

通过以上的分析该系统需要创建 5 个数据表如下所示。

- 管理员信息表 Admin：用于存储管理员 ID 号、管理员账号、管理员密码。
- 学生信息表 Student：用于存储学生学号、学生姓名、学生密码。
- 课程信息表 Course：用于存储课程编号、课程名称。
- 成绩信息表 Sreport：用于存储成绩 ID 号、学生学号、课程编号、课程成绩、备注信息、学期名称。
- 学期信息表 Term：用于存储学期 ID 号、学期名称。

上述 5 个数据表的连接关系如下所示。

- 学生信息表 Student 与成绩信息表 Sreport 通过学生学号建立连接关系。
- 课程信息表 Course 与成绩信息表 Sreport 通过课程编号建立连接关系。
- 学期信息表 Term 与成绩信息表 Sreport 通过学期名称建立连接关系。

其中管理员信息表 Admin 是独立的，与其他数据表没有关联。学生信息表 Student 与课程信息表 Course 没有直接的关系，是通过成绩信息表 Sreport 建立关联的。

## 4.3.2 数据表结构

使用 SQL Server 2005 新建一个数据库，将其命名为 seekscore。seekscore 数据库中包含的数据表及其相应功能如表 2.4.1 所示。

表 2.4.1  数据表及其功能

| 数据表 | 功　能 | 数据表 | 功　能 |
|---|---|---|---|
| Admin | 存放管理员基本信息 | Sreport | 存放成绩基本信息 |
| Student | 存放学生基本信息 | Term | 存放学期基本信息 |
| Course | 存放课程基本信息 | | |

### 1. 管理员信息表 Admin

管理员信息表用于存储管理员的基本信息，包括管理员 ID 号（id）、管理员账号（name）、管理员密码（pwd）。在已创建的数据库 seekscore 中，创建一个名为 Admin 的数据表，并向表中添加字段如表 2.4.2 所示。

表 2.4.2  管理员信息表 Admin

| 字段名 | 数据类型 | 长度 | 意义 | 说　明 |
|---|---|---|---|---|
| id | int | 4 | 管理员 ID 号 | 设为主键且自动编号 |
| name | varchar | 20 | 管理员账号 | 不允许为空 |
| pwd | varchar | 20 | 管理员密码 | 不允许为空 |

### 2. 学生信息表 Student

学生信息表用于存储学生的基本信息,包括学生学号(id)、学生姓名(name)、学生密码(pwd)。在已创建的数据库 seekscore 中,创建一个名为 Student 的数据表,并向表中添加字段如表 2.4.3 所示。

**表 2.4.3　学生信息表 Student**

| 字段名 | 数据类型 | 长度 | 意义 | 说　明 |
|---|---|---|---|---|
| id | varchar | 50 | 学生学号 | 设为主键 |
| name | varchar | 50 | 学生姓名 | 不允许为空 |
| pwd | varchar | 20 | 学生密码 | 不允许为空 |

### 3. 课程信息表 Course

课程信息表用于存储课程的基本信息,包括课程编号(id)、课程名称(title)。在已创建的数据库 seekscore 中,创建一个名为 Course 的数据表,并向表中添加字段如表 2.4.4 所示。

**表 2.4.4　课程信息表 Course**

| 字段名 | 数据类型 | 长度 | 意义 | 说　明 |
|---|---|---|---|---|
| id | varchar | 50 | 课程编号 | 设为主键 |
| title | varchar | 50 | 课程名称 | 不允许为空 |

### 4. 成绩信息表 Sreport

成绩信息表用于存储课程成绩的基本信息,包括学生成绩 ID 号(id)、学生学号(stid)、课程编号(coid)、课程成绩(mark)、备注信息(note)、学期名称(term)。在已创建的数据库 seekscore 中,创建一个名为 Sreport 的数据表,并向表中添加字段如表 2.4.5 所示。

**表 2.4.5　成绩信息表 Sreport**

| 字段名 | 数据类型 | 长度 | 意义 | 说　明 |
|---|---|---|---|---|
| id | int | 4 | 成绩 ID 号 | 设为主键且自动编号 |
| stid | varchar | 50 | 学生学号 | 不允许为空 |
| coid | varchar | 50 | 课程编号 | 不允许为空 |
| mark | varchar | 50 | 课程成绩 | 不允许为空 |
| note | varchar | 100 | 备注信息 | 允许为空 |
| term | varchar | 50 | 学期名称 | 允许为空 |

### 5. 学期信息表 Term

学期信息表用于存储学期的基本信息,包括学期 ID 号(id)、学期名称(title)。在已创建的数据库 seekscore 中,创建一个名为 Term 的数据表,并向表中添加字段如表 2.4.6 所示。

**表 2.4.6　学期信息表 Term**

| 字段名 | 数据类型 | 长度 | 意义 | 说　明 |
|---|---|---|---|---|
| id | int | 4 | 学期 ID 号 | 设为主键且自动编号 |
| title | varchar | 50 | 学期名称 | 允许为空 |

# 4.4 公用模块

为了使成绩查询系统的结构清晰、代码规范,这里把系统中重复使用的代码写在一个页面内,当需要的时候直接加载进来即可。

## 4.4.1 数据库连接页 Conn.asp

系统中几乎所有页面都要进行数据库的连接,把数据库连接代码保存在页面 Conn.asp 中,可以避免重复编程。

Conn.asp 的代码如下所示。

```
<% '数据库的连接
dim conn,connstr                    '定义 conn 和 connstr 变量
     '连接数据库 seekscore,设置用户名为 sa,密码为 123456,服务器为 MYSERVER
connstr = "Driver = {sql server};uid = sa;pwd = 123456;
database = seekscore; SERVER = MYSERVER"
set conn = server.createobject("ADODB.CONNECTION")
     '创建一个 ADO Connection 对象
conn.open connstr                    '打开数据库
%>
```

在文件中引用此文件时,把该文件作为头文件直接调用即可,代码如下所示。

```
<!-- # include file = "Conn.asp" -->
```

页面设计效果:由于该项页面没有任何 HTML 代码,也没有任何 ASP 的输出显示代码,所以浏览该页面时没有任何效果。

## 4.4.2 层叠样式文件 Css.css

为了使成绩查询系统的界面美观、风格统一、修改方便,所以创建一个层叠样式表文件 Css.css,对成绩查询系统所有网页文件中所标注的属性实行统一控制。Css.css 的代码如下所示:

```
< style type = "text/css">
<!-- 注释: a:link:设置超链接的正常状态;a:visited:设置访问过的超链接状态;a:active:设置选
中超链接状态;a:hove: 设置光标至超链接上时的状态 -->
<!--
    A:link {text-decoration:none;color:#0060FF}
    A:visited {text-decoration: none;color:#0060FF}
    A:active {text-decoration: none;color:#0060FF}
    A:hover {text-decoration: underline;color:#ff0000}
    body{
            font-size = 9pt;
            font:12px Tahoma,Verdana,"宋体";
        }
    TH{FONT-SIZE:9pt}
    TD{FONT-SIZE:9pt}
-->
</style>
```

编辑页面代码时,在每个页面的＜HTML＞和＜/HEAD＞标记之间包含该样式表文件,就可以起到统一页面风格的作用,具体代码如下所示:

```
< Link href = "Css.css" rel = stylesheet >
```

页面设计效果:由于该页面没有任何 HTML 代码,也没有任何 ASP 的输出显示代码,所以浏览该页面时没有任何效果。

## 4.5   学生登录模块

学生登录模块包括学生登录和检查学生登录信息。此模块负责根据学生所输入的学号和密码判断该用户是否合法,以及具有哪些操作权限,并根据不同的权限,返回包含不同模块的页面。

### 4.5.1   系统首页 Default.asp

Default.asp 是系统首页,用于学生登录。学生必须正确登录后,才能进入该系统查询成绩。学生进入该页面,在该页面输入学号和密码,单击"登录"按钮即可。页面显示效果如图 2.4.7 所示。

图 2.4.7   学生登录页面

图 2.4.7 系统首页页面控件及功能如表 2.4.7 所示。

表 2.4.7   系统首页页面控件及功能

| 对象 | 功　　能 |
|---|---|
| 表格 | 用于控制页面显示信息位置 |
| 表单 | 名称为 form1,提交目标网页为 Default.asp,数据采用隐式传递方式 |
| 文本框 | 名称为 number,用于输入学生学号 |
| 密码框 | 名称为 pwd,用于输入学生密码 |
| 按钮 | 单击"登录"按钮,提交表单 |
| 按钮 | 单击"重置"按钮,清空文本框和密码框内容 |

## 4.5.2 页面代码分析

下面介绍 Default.asp 的主要代码。页面代码分析如下所示。

```
<!-- # include file = "Conn.asp" -->     <% '调用 conn.asp 文件连接数据库 %>
< Link href = "Css.css" rel = stylesheet>
    <% '调用 Css.css 文件定义页面风格 %>
```

### 1. 创建网页表单

页面设计：利用网页表单把学生输入的学号和密码提交给目标网页，由目标网页验证用户输入的信息。页面首先创建网页表单并对表单控件进行设置。

代码如下所示。

```
<% '创建表单 form1,采用隐式传递,提交目标网页 Default.asp 并返图 action 值 %>
    < form name = "form1" method = "post" action = "Default.asp?
action = ChkLogin">
    < tr align = center" bgcolor = "#FFE0A2">
        < td height = "30"colspan = "2" ><b>学生登录
    </b></td>
        </tr>
        < tr bgcolor = "#FFFFFF">
            < td width = "83" height = "30" align = "right">学号: </td>
            < td width = "174" height = "30">  
            < input name = "number" type = "text" size = "20">
                    <% '定义一个文本框控件 number %>
            </td>
        </tr>
    < tr bgcolor = "#FFFFFF">
            < td width = "83" height = "30" align = "right">密码:</td>
                < td width = "174" height = "30">  
        < input name = "pwd" type = "password" size = "20">
                    <% '定义一个密码框控件 pwd %>
                </td>
    </tr>
    < tr align = "center" bgcolor = "#FFE0A2">
        < td height = "30" colspan = "2" bgcolor = "#FFE0A2">
        < input type = "submit" name = "Submit" value = "登录">
                <% '定义一个登录按钮 %>
        < input type = "reset" name = "Submit" value = "重置">
                <% '定义一个重置按钮 %>
        </td>
    </tr>
< tr align = "center" bgcolor = "#FFE0A2">
        < td height = "30" colspan = "2" background = "Images/bgn.gif" bgcolor = "#FFE0A2" align =
"center">
        < a href = Login.asp>转入管理员登录页面</a>
</td>
    </tr>
    </form>     <% '表单结束标记 %>
```

### 2. 接收网页表单传递过来的数据并进行校验

页面设计：定义 ChkLogin()过程，用来检验学生的登录信息。首先根据页面返回的 action 值来调用相应的过程，页面接收传递过来的表单数据，然后判断登录学号和密码的合法性。若未通过密码和学号验证，则给出相应的提示信息，若通过了登录验证，则生成 Session 变量 name(用户名)并跳转到学生成绩查询页 Seek.asp。

代码如下所示。

```
<'根据页面返回的 action 消息值为 ChkLogin,来调用 ChkLogin 过程
If Request("action") = "ChkLogin" Then
    Call ChkLogin()
End If
<% '定义 ChkLogin()过程用来检查学生的登录信息,成功则跳转到 Seek.asp,失败给出相应错误提示
Sub ChkLogin()
    Dim number
    Dim pwd
        '获取传递过来的表单数据
    number = Trim(Request.Form("number"))    '获取学生登录学号
    pwd = Trim(Request.Form("pwd"))          '获取学生登录密码
        '判断登录学号与密码的合法性
    If number = "" Or pwd = "" Then
        '如果密码或学号为空,则提示'请输入学号或密码!'
    Response.Write "< script > alert (
        '请输入学号或密码!');history.Go( -1);</script >"
    Response.End
    Else
    Set Rs = Server.CreateObject("ADODB.Recordset")
        '创建记录对象以接收的学生学号为条件,把学生信息从学生信息表中取出来
    Sql = "Select * From Student Where id = '"&number&"'"
    Rs.Open Sql,conn,3,3        '把取出的信息放在记录集对象中
        '如果记录集对象中无此学号记录,则提示"学号错误,请重新输入!"
    If Rs.EOF Or Rs.BOF Then
        Respons.Write"< Script > alert('学号错误,请重新输入!');
</Script >"
        Response.End    '如果学号和密码正确,则生成 Session 变量
        ElseIf number = Rs("id") And pwd = Rs("pwd") Then
            Session("name") = Rs("name")
            Session("id") = Rs("id")
            Response.Redirect "Seek.asp"
        Else    '如果学号正确但密码错误,则提示"密码错误,请重新输入!"'
            Response.Write "< script > alert('密码错误,请重新输入!');
            History.go( -1);</script >"
            Response.end
        End If
    End If
    Rs.Close
    Set Rs = nothing
    Conn.Close
    Set Conn = nothing
    End Sub
    %>
```

**说明**：上页表单递交时，采用的是隐式传递 post，所以在程序清单中首先使用 Request. Form()方法取得表单传递过来的数据，并把数据赋值给所定义的变量。然后根据取得的值进行验证：首先验证用户输入的信息是否与数据库中的信息匹配。若验证失败，给出相应的提示信息；若验证成功，则生成 Session 变量并进入成绩查询系统前台。在此用到了 Session 变量，为了可以在不同的网页中共享，用户只需要登录一次，其信息将全部保存在 Session 变量中；当用户退出系统时，Session 变量保存的信息被释放及清空。

# 4.6　学生查分模块

学生查分模块包括学生成绩查询页。学生正常登录该系统后，可以查询出指定学期的所有课程成绩。

## 4.6.1　学生成绩查询页 Seek.asp

Seek.asp 是学生成绩查询页，用于查询并显示学生课程成绩。当学生成功登录后，系统会自动跳转到该页面，学生在该页面可以根据学期名称查询该学期的所有课程成绩。页面显示效果图如图 2.4.8 所示。

图 2.4.8　学生成绩查询页显示效果图

图 2.4.8 的页面控件及功能如表 2.4.8 所示。

表 2.4.8　学生成绩查询页页面控件及功能

| 对　　象 | 功　　能 |
| --- | --- |
| 表格 | 用于控制页面显示信息位置 |
| 表单 | 名称为 form1，提交目标网页为 Seek.asp，数据采用隐式传递方式 |
| 下拉列表框 | 名称为 term，用于选择学期 |
| 按钮 | 单击"查询"按钮，提交表单 |
| 按钮 | 单击"重设"按钮，清空下拉列表框内容 |

## 4.6.2　页面代码分析

下面介绍 Seek.asp 的主要代码，其中页面代码分析如下所示。

```
<!-- # include file = "Conn.asp" --><% '调用 Conn.asp 文件连接数据库 %>
< Link href = "Css.css" rel = stylesheet > <% '调用 Css.css 文件定义页面风格 %>
```

### 1. 创建网页表单

页面设计：学生查询自己的课程成绩。学生正常登录后，在该页面选择课程名称后单击"查询"按钮，提交查询信息，可以查询该课程的成绩。页面首先创建网页表单并对表单控件进行设置。

代码如下所示。

```asp
<% '创建表单 forml,采用隐式传递,提交目标网页 Seek.asp 并返回一个 action %>
< form name = "forml" action = "Seek.asp?action = FindOut" method = "post">
    < tr >
    < td height = "35" align = "center"> 查询选择:
        < select name = "term">
        <% '定义一个下拉列表框控件 term 用于选择查询学期 %>
        <% '设置下拉列表框控件 term 的初始值为请选择学期名称 %>
        < option selected value = "">请选择学期名称</option>
        <%
        Set Rs = Server.CreateObject("ADODB.Recordset")
            '创建记录集对象把学期信息从学期信息表 Term 中取出来
        Sql = "SELECT * FROM Term"
        Rs.Open Sql,conn,3,3 '把取出的信息放在记录集对象中
            '循环读取记录集中所有的学期记录,并在下拉列表框控件 term 中显示
        Do While Not Rs.EOF
        %>
        <% '在下拉列表框控件 term 中显示学期名称 %>
< option value = <% = Rs("title") %>><% = Rs(" title") %></option>
        <%
            Rs.MoveNext
                Loop                    '退出循环
            Rs.Close                    '关闭记录集
            Set Rs = Nothing            '释放记录集资源
        %>
        </select>  
        < input type = "submit" value = "查询">    <% '定义一个查询按钮 %>
        < input type = "reset" value = "重设">     <% '定义一个重设按钮 %>
    </td>
    < td background = "Images/bgn.gif"><a href = "Logout.asp">退出登录</a></td>
    </tr>
    </form>                            <% '表单结束标记 %>
```

### 2. 查询并显示课程成绩

页面设计：利用 Session("id")变量和接收的学期名称，来查询学生该学期的所有课程成绩，最后把查询出的课程成绩显示出来。

代码如下所示。

```asp
<%      '如果查询学期成绩,则执行下面的语句
    If Request("action") = "FindOut" Then
%>
    < table width = "60 %" border = "0" cellpadding = "0" cellspacing = "1"bgcolor = "#44608A">
    < tr align = "center" bgcolor = "#FFFFFF">
        < td height = "31" bgcolor = "#FFFFFF">课程名称</td>
```

```
        <td>成绩(分)</td>
        <td>备注</td>
    </tr>
<%
    Set Rs = Server.CreateObject("ADODB.Recordset")
        '创建记录集对象将该学生该学期的所有课程成绩取出来
        Sql = "SELECT Sreport. * ,Course. * FROM Sreport"&_
          "INNER JOIN Course ON Course. id = Sreport.coid"&_
          "WHERE stid = '" & Session("id") & "'" & _
            "AND term = '" & Request("term") & "'"
          Rs. Open Sql,conn,3,3        '把取出的信息放在记录集对象中
          Do While Not Rs.EOF          '循环显示课程成绩信息
%>
      < tr bgcolor = "♯FFFFFF">
      < td width = "8%" align = "center" height = "25"><% = Rs("title") %>
      </td>                         <% '显示课程名称 %>
      < td width = "8%" align = "center" height = "25"><% = Rs("mark") %>
      </td>                         <% '显示课程成绩 %>
      < td width = "8%" align = "center" height = "25">
        < font color = ♯ff0000><% = Rs("note") %></font><% '显示课程成绩备注 %>
      </td>
    </tr>
<%
    RS. MoveNext
    Loop
    RS. Close
    Set RS = Nothing
    Conn. Close
    Set Conn = nothing
    End if
%>
```

**说明**：在 Seek. asp 中，需要对当前用户进行判断，只有已登录的用户，Session("id")才能打开此页，并根据此变量来查询相应学生的成绩。

# 4.7 管理员登录模块

管理员登录模块包括管理员登录和检查管理员登录信息。此模块负责根据管理员所输入的账号和密码判断该用户是否合法，以及具有哪些操作权限，并根据不同的权限，返回包含不同模块的页面。

## 4.7.1 管理员登录页 Login. asp

Login. asp 是管理员登录页，用于管理员登录。管理员要管理该系统，必须正确登录后，才能进入该系统进行管理。管理员单击系统首页 Default. asp(如图 2.4.7 所示)下方的"转入管理员登录页面"链接，即可进入该页面，进行登录。管理员进入该页面，在该页面输入用户名和密码后单击"登录"按钮即可。页面显示效果如图 2.4.9 所示。

图 2.4.9 的页面控件及功能如表 2.4.9 所示。

图 2.4.9　管理员登录页面

**表 2.4.9　管理员登录页页面控件及功能**

| 对象 | 功　　能 |
|------|---------|
| 表格 | 用于控制页面显示信息位置 |
| 表单 | 名称为 form1,提交目标网页为 Admin.asp,数据采用隐式传递方式 |
| 文本框 | 名称为 name,用于输入管理员账号 |
| 密码框 | 名称为 pwd,用于输入管理员密码 |
| 按钮 | 单击"登录"按钮,提交表单 |
| 按钮 | 单击"重置"按钮,清空文本框和密码框内容 |

## 4.7.2　页面代码分析

下面介绍 Login.asp 的主要代码,其中页面代码分析如下所示。

```
<!-- #include file = "Conn.asp" -->  <% '调用 Conn.asp 文件连接数据库 %>
<Link href = "Css.css" rel = stylesheet>
    <% '调用 Css.css 文件定义页面风格 %>
```

### 1. 创建网页表单

页面设计:利用网页表单,将管理员输入的账号和密码提交给目标网页,由目标网页验证用户输入的信息。页面首先创建网页表单并对表单控件进行设置。

代码如下所示。

```
<% '创建表单 form1,采用隐式传递,提交目标网页 Admin.asp 并返回 action 值 %>
<form name = "form1" method = "post" action = "Login.asp?
action = ChkLogin">
    <tr align = "center" bgcolor = "#FFE0A2">
        <td height = "30" bgcolor = "2" background = "Images/bgn.gif">
        <b>管理员登录</b>
        </td>
    </tr>
    <tr bgcolor = "#FFFFFF">
        <td width = "83" height = "30" align = "right">用户名:</td>
        <td width = "174" height = "30">  
```

```
            < Input name = "name" type = "text" size = "20">
                  <% '定义一个文本框控件 name %>
            </td>
      </tr>
      < tr bgcolor = "#FFFFFF">
            < td width = "83" height = "30" align = "right">密码: </td>
            < td width = "174" height = "30">  
            < input name = "pwd" type = "password" size = "20">
                  <% '定义一个密码框控件 pwd %>
            </td>
      </tr>
      < tr align = "center" bgcolor = "#FFE0A2">
            < td height = "30"colspan = "2" background = "Images/bgn.gif">
            < lnput = type = "submit" name = "Submit" value = "登录">
                  <% '定义一个登录按钮 %>
            < input type = "reset" name = "Submit" value = "重置">
                  <% '定义一个重置按钮 %>
            </td>
      </tr>
</form>                <% '表单结束标记 %>
```

## 2. 接收网页表单传递过来的数据并进行校验

页面设计：定义 ChkLogin()过程,用来检验管理员的登录信息。首先根据页面返回的 action 值来调用相应的过程,然后页面接收传递过来的表单数据,然后判断登录账号和密码的合法性。若未通过密码和账号验证则给出相应的提示信息,若通过了登录验证,则生成 Session 变量 name(用户名)并跳转到管理员管理页 Admin.asp。

代码如下所示。

```
<% '根据页面返回的 action 消息值为 ChkLogin,来调用 ChkLogin 过程
    If Request("action") = "ChkLogin" Then
      Call ChkLogin()
    End If
%>
<% '定义 ChkLogin()过程用来检验管理员的登录信息,成功则跳转到 Admin.asp,失败则给出相应的
错误提示
    Sub ChkLogin()
    Dim name                              '声明变量
    Dim pwd
         '获取传递过来的表单数据
    name = Trim(Request.Form("name"))     '获取登录账号
    pwd = Trim(Request.Form("pwd"))       '获取登录密码
         '判断登录账号与密码的合法性
    If name = ""Or pwd = "" Then
       '如果登录密码或账号为空,则提示'请输入账号或密码!'
      Response.Write "< script > alert('请输入账号或密码!');
      History.go( - 1); </script >"
      Response.End
    Else
      Set Rs = Server.createobject("ADODB.Recordset")
         '创建记录集对象以接收的管理员账号为条件把管理员信息从管理员信息表中取出来
```

```
        Sql = "Select * From Admin Where name = '"&name&" '"
        Rs.Open Sql,conn,3,3 '把取出的信息放在记录集对象中
            '如果记录集对象中无此账号记录,则提示'用户名错误,请重新输入!'
        If Rs.EOF Or Rs.BOF Then
        Response.Write"< script > alert('用户名错误,请重新输入!');
        </Script >"
        Response.End
            '用户名和密码检验合格,则生成 Session 变量
    ElseIf
        name = Rs("name") And pwd = Rs("pwd") Then
        Session ("name") = Rs("name")
        Response.Redirect "Admin.asp"
    Else
        Response.Write"< script > alert('密码错误,请重新输入);
History.go( - 1);</script >"
        Response.end
        End If
    End If
  Rs.Close
  Set Rs = nothing
  Conn.Close
  Set Conn = nothing
 End Sub
%>
```

**说明**：在管理员进入后台,进行后台管理时必须先进行身份验证,否则任何人都可进入,系统就乱了。所以一般在开发应用系统时,只要有后台管理的需求,就必须搭建管理员登录模块,用于验证登录人的身份,这样会更有效地实现权限控制。根据登录的信息验证以确定用户输入的信息是否匹配,若验证失败,则给出相应的提示信息;若验证成功,则生成 Session("Admin")变量,进入成绩查询系统后台。

# 4.8　课程成绩管理模块

课程成绩管理模块包括管理员添加、修改和删除课程成绩。此模块只对管理员类用户开放。系统管理员登录后,进入该模块,在该模块中可以看到操作条件选择页分为课程成绩添加和课程成绩管理。单击它们的链接,即可进入相应的页面。

## 4.8.1　管理员管理页 Admin.asp

Admin.asp 是管理员管理页,用于管理员管理系统信息。当管理员成功登录后,系统会自动转向该页面。该页面只对管理员用户开放并设置了"课程成绩添加"和"课程成绩管理"链接。

管理员登录后访问该页面,可以单击"课程成绩添加"链接,进入添加课程成绩框架页,进行课程成绩的添加操作。管理员登录后访问该页面,可以单击"课程成绩管理"链接,进入管理课程成绩框架页,进行课程成绩的修改和删除操作。管理员可以单击"退出登录"链接,退出登录状态。

页面显示效果如图 2.4.10 所示。

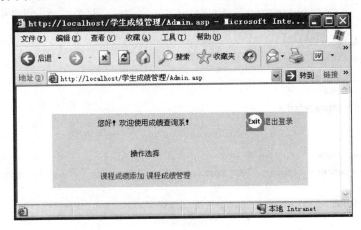

图 2.4.10　管理员管理页显示效果图

下面介绍 Admin.asp 的主要代码,其中页面代码分析如下所示。

```
< Link href = "Css.css" rel = stylesheet >
    <% '调用 Css.css 文件定义页面风格 %>
```

页面设计:该页面设置了"课程成绩添加"和"课程成绩管理"链接。管理员登录后访问该页面,可以单击"课程成绩添加"链接,进入添加课程成绩框架页,进行课程成绩的添加操作。管理员登录后访问该页面,可以单击"课程成绩管理"链接,进入管理记录框架页,进行课程成绩的修改和删除操作。该页面设置了"退出登录"链接,管理员可以单击"退出登录"链接退出登录状态。

代码如下所示。

```
<% '创建表格用于控制页面显示信息位置 %>
< table width = "100%" border = "0" cellspacing = "0" cellpadding = "0">
    < tr align = "center"
        <% '插如标题图片 %>
        < td colspan = "3">< img src = "Images/title5.jpg" width = "170"
height = "51"></td>
    </tr>
    < tr align = "center">
        < td >  </td>
        < td align = center >< table width = "780" border = "0" cellpadding = "0"
Cellspacing = "1" bgcolor = "#996600">
    < tr >
        <% '设置单元格背景 %>
        < td width = "84%" align = "center" background = "Images/bgn.gif"
        您好!欢迎使用成绩查询系统!</td>
        < td width = "16%" height = "30" align = "center" bgcolor = "#FFE0A2"
        < table width = "100%" border = "0" cellspacing = "0" cellpadding = "0">
            < tr >< % '插入退出登录图标 %>
                < td align = "right" background = "Images/bgn.gif">< img src = "Images/exit.
jpg" width = "30" height = "30"></td>
```

学生成绩管理系统

```
                 <%'为退出登录设置连接%>
                 <td background = "Images/bgn.gif"><a href = "Logout.asp">退出登录</a></td>
           </tr>
        </table>
        </td>
     </tr>
           </td>
        </td>> </td>
     </tr>
  <tr>
  <td> </td>
  <td align = center><table = "780" border = "0" cellspacing = "0" Cellpadding = "0">
     <tr>
        <td height = "35" align = "center">操作选择</td>
     </tr>
     <tr>
        <td height = "35" align = "center">
        <a href = "AdminManager.htm">课程成绩管理</a>
        </td>
     </tr>
     </td>
  </tr>
  </table>
```

## 4.8.2  添加记录框架页 AdminAdd.htm

AdminAdd.htm 是添加记录框架页,用于添加并显示学生课程成绩记录。管理员登录后访问管理员管理页 Admin.asp,单击"课程成绩添加"链接,即可进入该框架页进行课程成绩的添加操作。此框架由添加记录查询页 Add.asp、添加记录页 DoAdd.asp 和添加记录更新页 UpdateAdd.asp 组成。

当管理员刚进入该页面时,显示效果如图 2.4.11 所示。

图 2.4.11  添加记录框架页显示效果图

当管理员进入该页面,输入学号并且选择课程名称单击"添加"按钮后,当课程成绩已经存在时所显示效果如图 2.4.12 所示。

当管理员进入该页面,输入学号并且选择课程名称单击"添加"按钮后,当有可添加的记录时所显示效果如图 2.4.13 所示。

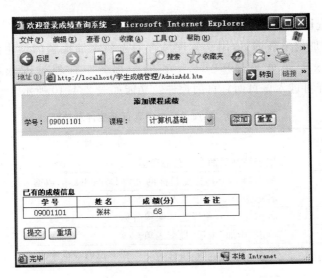

图 2.4.12　当课程成绩已经存在时显示的效果图

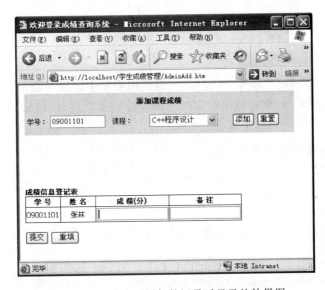

图 2.4.13　当有可添加的记录时显示的效果图

以上均为以班级为单位来添加课程成绩的页面显示图。

以学生为单位来添加课程成绩与以班级为单位来添加课程成绩相似,只不过它针对的是一个学生而不是全班学生,页面显示效果图与以班级为单位添加课程成绩页相似,这里就不列举了。

下面介绍 AdminAdd.htm 的主要代码,代码如下所示。

```
<html>
<head><title>欢迎登录成绩查询系统</title></head>
<frameset rows = "160, * "frameborder = "0" border = "0">
<frame name = "Add" src = "Add.asp">
<frame name = "DoAdd">
</frameset>
</html>
```

### 1. 添加记录查询页 Add.asp

Add.asp 是添加记录查询页,用于管理员查询需要添加成绩的学生信息和课程信息。此页面是添加记录框架页 AdminAdd.htm 的一部分。管理员进入添加记录框架页 AdminAdd.htm,即可进入该页面。页面控件及功能如表 2.4.10 所示。

**表 2.4.10 添加记录查询页页面控件及功能**

| 对　象 | 功　能 |
| --- | --- |
| 表格 | 用于控制页面显示信息位置 |
| 表单 | 名称为 form1,提交目标网页为 DoAdd.asp,数据采用隐式传递方式 |
| 文本框 | 名称为 stid,用于输入学生学号 |
| 下拉列表框 | 名称为 coid,用于选择课程名称 |
| 按钮 | 单击"添加"按钮,提交表单 |
| 按钮 | 单击"重置"按钮,清空文本框和下拉列表框中内容 |

下面介绍 Add.asp 的主要代码,页面代码分析如下所示。

```
<!-- # include file = "Conn.asp" --> <% '调用 Conn.asp 文件连接数据库 %>
< Link href = "Css.css" rel = stylesheet > <% '调用 Css.css 文件定义页面风格 %>
```

1) 定义"添加"按钮的单击事件

页面设计:当用户单击"添加"按钮时,先对查询表单中设置的数据进行验证,如果验证成功则提交给目标网页,如果验证失败则给出相应的提示信息,代码如下所示。

```
<!—
    '定义"添加"按钮 addrd 的单击事件
Sub addrd_OnClick
  Dim msg
  Msg = ""
      '检验学号信息的合法性
        '如果学号信息为空,则提示"学号信息不能为空,请输入!"
  If form1.stid.value = "" Then
      msg = "学号信息不能为空,请输入!"
            '如果学号信息不是由数字[0-9]组成,则提示"学号信息由数字[0-9]组成,请修改"
  ElseIf Not IsNumeric(form1.stid.value) Then
      Msg = "学号信息由数字[0-9]组成,请修改"
    Else                '验证学号信息长度
          '如果学号长度不为6或8,则提示"学号信息的长度只能为[6][8],请修改!"
        Select case Len(forml.stid.value)
          Case 1,2,3,4,5,7
            msg = "学号信息的长度只能为[6][8],请修改!"
        End Select
    End If
        '课程信息验证,检验课程信息的合法性
        '如果课程信息为空,则提示"课程信息不能为空,请选择!"
  If forml.coid.value = "" Then
      Msg = "课程信息不能为空,请选择!"
          '分析验证结果
      If msg = " " Then
```

```
                Form1.submit
            Else
                Alert(msg)
                Form1.stid.focus
            End If
        End Sub
```

**说明**：在将数据信息保存到数据库之前必须进行验证。首先验证学号信息是否为空，再验证学号数据是否为数字，然后验证学号长度是否为 6(6 表示一个班级)或 8(8 表示一个学生)，最后验证课程信息是否为空。

2) 定义"重置"按钮的单击事件

页面设计：当用户单击"重置"按钮时，将清空学号信息和课程信息。代码如下所示。

```
    <!--
    '定义"重置"按钮 reset 的单击事件
    Sub reset OnClick
    form1.stid.value = ""        '清空学号信息
    form1.cold.value = ""        '清空课程信息
    form1.stid.focus
End Sub
    -->
```

3) 创建网页表单

页面设计：利用网页表单，将管理员输入的学号信息和选择的课程信息提交给目标网页。页面首先创建网页表单并对表单控件进行设置，代码如下所示。

```
<% '创建表单 form1,采用隐式传递,提交目标网页 DoAdd.asp %>
< form name = "form1" action = "DoAdd.asp" method = "post" target = "DoAdd">
< table width = "468" border = "0" bgcolor = "#FFE0A2">
<tr>
  < td height = "25" colspan = "6" align = "center" background = "Images/bgn.gif"><b>添加课程
成绩</b></td>
  </tr>
  < tr height = "40">
    < td width = "261" align = "right">学号：</td>
    < td width = "103" align = "right">
    <% '定义一个文本框控件 stid %>
    < input name = "stid" type = "text" maxlength = "8" size = "12">
    </td>
    < td width = "70" align = "right">课程： </td>
    < td width = "56" align = "right">
    < select name = "coid"><% '定义一个下拉列表框空间 coid 并设置其初始值 %>
    < option selected value = "">请选择课程名称</option>
<% '读取课程信息所有记录
    Set Rs = Server.CreateObject("ADODB.Recordset")
                        '创建记录集对象
    '把课程信息从课程信息表 Course 中全部取出来
    Sql = "SELECT id,title FROM Course "
    Rs.Open Sql,conn,3,3
    '循环读取记录集中所有的课程记录,并在下拉列表框控件 coid 中显示
```

学生成绩管理系统

```
        Do While Not Rs.EOF
%>
    <%'在下拉列表框控件coid中显示课程名称%>
    <option value = <% = Rs("id") %>><% = Rs("title") %></option>
    <%
        Rs.MoveNext
        Loop                        '退出循环
        Rs.Close                    '关闭记录集
        Set Rs = Nothing            '释放记录集资源
        Conn.Close
        Set Conn = nothing
%>
    </select> </td>
    <td width = "87" align = "right">
    <input name = "addrd" type = "button" value = "添加">
            <%'定义一个添加按钮%>
    </td>
    <td width = "203">
    <input name = "reset" type = "button" value = "重置">
            <%'定义一个重置按钮>
    </td>
    </tr>
</table>
</form>                             <%'表单结束标记%>
```

### 2. 添加记录页 DoAdd.asp

DoAdd.asp 是添加记录页,用于添加管理员输入的学生成绩。此页面是添加记录框架页 AdminAdd.htm 的一部分。管理员进入添加记录框架页 AdminAdd.htm,即可进入该页面。下面介绍 DoAdd.asp 的主要代码,页面代码分析如下所示。

```
<!-- #include file = "Conn.asp" -->
    <%'调用Conn.asp文件连接数据库%>
<Link href = "Css.css" rel = stylesheet>
    <%'调用Css.css文件定义页面风格%>
```

1) 接受网页表单传递的数据,根据数据进行查询

页面设计:首先接收添加记录查询页 Add.asp 网页表单传递过来的数据,然后根据接收的数据并在成绩信息表中进行查询。对已登记的学生记录,将其显示出来。对没有登记的学生记录,也将其信息显示出来,并生成相应的成绩表以添加成绩信息,代码如下所示。

```
<form name = "forml"                   <%'定义成绩添加表单%>
<%
    Dim stid                            '声明变量
    Dim coid
    Dim qs1
    Dim qs2
    Dim msg
    Dim stids
    Dim Sql
        '获取传递过来的表单数据
```

```asp
    stid = Request("stid")                                '获取学生学号
    coid = Request("coid")                                '获取课程编号
        '如果学号长度小于8,则说明学号长度为6,是以班级为单往登记课程成绩
    If Len(stid)< 8 Then stid = stid & "%"       '获取班级编号
    qs1 = False : qs2 = False : msg = ""          '为变量赋初值
        '根据接收的学号和课程编号,把数据库中属于该学号、该课程号已有成绩记录取出来
    Sq1 = "SELECT Student. id, Student. name, Sreport. mark, sreport. Note " & _
        "From Sreport" & _
        "INNER JOIN Student ON Student. id = Sreport. stid" & _
        "WHERE stid LIKE '" & stid & "'" & _
        "AND sreport. coid = '" & coid & "'"
    Set Rs = Server. CreateObject("ADODB. Recordset") '创建记录集对象
    Rs. Open Sql, conn, 3, 3       '把取出的信息放在记录集对象中
        '如果 Rs 不为空,则循环显示该学号的该课程的已有成绩信息
    If Rs. RecordCount > 0 Then
        %>
        <p>      <%<b>'已有的成绩信息</b>%>
        < table border = '0'cellpadding = '0' cellspacing = '1'bgcolor = '#000000' width = '80%'>
        < tr bgcolor = '#FFFFFF' align = 'center'>
        < th width = '25%">学 号</th>
        < th width = '25%'>姓 名</th>
        < th width = '25%'>成 绩(分)</th>
        < th width = '25%'>备 注</th>
        </tr>
    <%      '循环显示该学号的该课程的已有成绩信息
        Do While Not Rs. EOF
        %>
        < tr bgcolor = '#FFFFFF'align = 'center'>
          < td><% = RS("id") %></td>        <%'显示学生学号 %>
          < td >< % = Rs("name") %></td>        <%'显示学生姓名 %>
          < td >< % = Rs("mark") %></td>        <%'显示课程成绩 %>
          < td >< % = Rs("note") %> </td > <%'显示备注信息 %>
        </tr>
      <%
        RS. MoveNext
        Loop                                            '退出循环
    %>
        </table >
    <%
        Qs1 = True
    End If
    Rs. Close
Set Rs = nothing
%>
<%
'根据接收的学号和课程编号,把数据库中属于该学号的,没有该项课程成绩记录的学生信息取出来,
为了添加该项成绩信息
Sq1 = "SELECT id, name FROM Student " & _
    "WHERE id LIKE '" & stid & "'" & _
    "AND id NOT IN(" & _
    "SELECT stid FROM Sreport " & _
```

```
                "WHERE stid LIKE '" & stid & "'" & _
                "AND coid = '" & coid & "'" & _
                ")"
        Set Rs = Server.CreateObject("ADODB.Recordset")    '创建记录集对象
            Rs.Open Sq1,conn,3,3                            '把取出的信息放在记录集对象中
            Stids = ""                                      '学号信息串赋空值
    '如果 Rs 不为空,则循环显示该学号的学生信息,并设置文本框控件用于添加该课程的成绩信息
    If Rs.RecordCount > 0 Then
%>
<p><%<b>'成绩信息登记表</b>%>
    <table border = '0' cellpadding = '0' cellspacing'1'
bgcolor = '#000000' width = '80%'>
    <tr bgcolor = '#FFFFFF' align = 'center'>
        <th width = '25%'>学    号</th>
        <th width = '25%'>姓    名</th>
        <th width = '25%'>成    绩(分)</th>
        <th width = '25%'>备    注</th>
    </tr>
<% '循环显示该学号的学生信息,并设置文本框控件用于添加该课程的成绩信息
    For i = 1 To Rs.RecordCount
%>
        <tr bgcolor = '#FFFFFF' align = 'center'>
        <td><% = Rs("id") %></td>                  <% '显示学生学号 %>
        <td <% = Rs("name") %></td>                <% '显示学生姓名 %>
<% '调用 ShowTextBox()过程生成文本框控件,用于添加该课程的成绩信息
Call ShowTextBox("cj",i,3)
Call ShowTextBox("bz",i,50)
'定义 ShowTextBox()过程生成文本框控件,用于添加该课程的成绩信息
Sub ShowTextBox(tbname,i,tbmaxlen)
    Response.Write("<td bgcolor = '#FFFFFF' align = 'center'><input type = text size = 16")
    Response.Write("name = " & tbname & i)
    Response.Write("maxlength = " & tbmaxlen)
    Response.Write("></td>")
End Sub
%>
        </tr>
<%
    Stids = stids & ";" & Rs("id")          '生成用分号隔开的学号信息串
    Rs.MoveNext
    Next                                     '退出循环
%>
        </table>
<%
    qs2 = True
    stids = Mid(stids,2)                     '删除学号信息串首的分号
    End If
        '如果该学生没有选择这门功课,则提示"数据库中没有当前学生的记录!"
    If Not qs1 And Not qs2 Then msg = "数据库中没有当前学生的记录!"
        '如果该学生有这门功课成绩的记录,则提示"当前学生的成绩已经登记过了!"
    If qs1 And qs2 Then msg = "当前学生的成绩已经登记过了!"
    If msg = "" Then
```

```
%>
    <br>
    <input name = "reg" type = "button" value = "提交">
            <%'定义一个提交按钮%>
    <input type = "reset" value = "重填">
            <%'定义一个重填按钮%>
%>
    Else
        Response.Write("<p><font color = red>" & msg & "</font>")
    End if
    Rs.Close                                    '关闭记录集
    Set Rs = Nothing
    Conn.Close
    Set Conn = nothing
%>
    </font>                          <%'表单结束标记%>
```

2）创建一个隐藏表单

页面设计：创建一个隐藏表单，用于向成绩更新文件 UpdateAdd.asp 传递需要添加的成绩信息，代码如下所示。

```
<%'创建表单 form2,采用隐式传递,提交目标网页 UpdateAdd.asp%>
    <%'定义数据传递表单%>
<form name = "form2" action = "UpdateAdd.asp" method = "post" target = "DoAdd">
<INPUT name = "stids" type = "hidden" value = "<% = stids %>">
        <%'保存学号信息%>
<INPUT name = "datas" type = "hidden">  <%'保存成绩和备注信息%>
<INPUT name = "coid" type = "hidden" value = "<% = coid %>">
        <%'保存课程编号信息%>
</form>                      <%'表单结束标志%>
```

3）定义"提交"按钮的单击事件

页面设计：当用户单击"提交"按钮时，先对管理员输入的成绩信息进行验证。如果验证成功，则把数据提交给目标网页；如果验证失败，则给出相应的提示信息，代码如下所示。

```
<!--
'定义"提交"按钮的单击事件
Sub reg_OnClick
Dim msg                              '声明变量
Dim datas
    Msg = "":datas = ""                  '为变量赋初值
        '验证管理员输入的所有数据
    For Each tbox In forml.elements
        If tbox.name = "reg" Then Exit For
        If Left(tbox.name,2) = "cj" Then
            '如果成绩信息为空,则提示"成绩信息不能为空,请输入!"
            msg = "成绩信息不能为空,请输入!"
            '如果成绩信息不为空但不是数字,则提示"成绩信息由数字组成,请修改!"
        ElseIf Not IsNumeric(tbox.value) Then
            msg = "成绩信息由数字组成,请修改!"
            '如果成绩信息不为空但大于 100,则提示"成绩信息应该在[0-100]之间,请修改!"
```

```
        ElseIf CInt(tbox.value)>100 Or Cint(tbox.value)<0 Then
          Msg="成绩应该在[0-100]之间,请修改!"
        End If
        If msg<>"" Then                    '如果 msg 不为空,则给出相应的提示信息
          Alert(msg)
          Tbox.focus
          Exit Sub
        End If
        datas=datas & ";" & Right("00" & tbox.value,3)
      Else
        Datas=datas & tbox.value
      End If
    Next
    Form2.datas.value=Mid(datas,2)
    Form2.submit
  End Sub
  -->
```

**说明**：在将数据进行传递之前,需验证输入信息是否正确。在程序清单中首先验证成绩信息是否为空,然后验证成绩信息是否为数字,最后验证成绩信息是否在 0～100 分之间。

### 3. 添加记录更新页 UpdateAdd.asp

UpdateAdd.asp 是添加记录更新页,用于保存管理员输入的成绩信息。此页面是添加记录框架页 AdminAdd.htm 的一部分。管理员进入添加记录框架页 AdminAdd.htm 即可进入该页面。

下面介绍 UpdateAdd.asp 的主要代码,页面代码分析如下所示

```
<!-- #include file="Conn.asp" -->    <% '调用 Conn.asp 文件连接数据库 %>
<Link href="Css.css" rel=stylesheet>
    <% '调用 Css.css 文件定义页面风格 %>
```

页面设计：首先接收网页表单传递的数据,然后把数据保存到数据库中,代码如下所示。

```
<% '接收传递的数据并保存到数据库
Dim stids,datas,coid,mark,note,i          '声明变量
Stids=Split(Request("stids"),";")
  '获取学号信息并将学号信息串分割成数组
datas=Split(Request("datas"),";")
  '获取成绩和备注信息并将成绩和备注信息串分割成数组
coid=Request("coid")                  '获取课程编号信息
i=0                                  '为变量赋初值
For Each stid In stids                '遍历学号数组
  Mark=Left(datas(i),3)               '取出成绩信息
  Note=mid(datas(i),4)               '取出备注信息
    '将添加的成绩信息保存到数据库
  Mysql="INSERT INTO Sreport (stid,coid,mark,note)" & _
      "VALUES "& "('" & stid & "','"_
      & coid & "'," & mark & ",'" & note & "')"
  Conn.Execute mysql
  i=i+1
Next
```

```
    '操作完毕显示操作结果
Response.Write("本次操作成功添加了" & i & "条成绩记录!")
    Conn.Close
Set Conn = nothing
%>
```

**说明**：将添加的成绩信息保存到数据库的过程是，首先取出学号、课程、成绩和备注信息，然后利用 INSERT INTO 语句将添加的成绩信息保存到数据库。

## 4.8.3　管理记录框架页 AdminManager. htm

AdminManager. htm 是管理记录框架页，用于修改或删除学生成绩记录。管理员登录后访问管理员页 Admin. asp，单击"课程成绩管理"链接，即可进入该框架页进行课程成绩的修改和删除操作。当管理员刚进入该页面时，显示效果如图 2.4.14 所示。

图 2.4.14　管理记录框架页显示效果图

当管理员进入该页面，输入学号并且选择课程名称单击"浏览"按钮后，页面显示效果如图 2.4.15 所示。

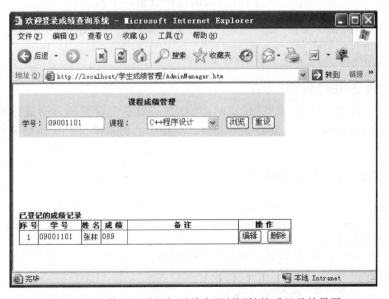

图 2.4.15　管理记录框架页单击"浏览"链接后显示效果图

137

第 4 章

学生成绩管理系统

　　以上均为班级为单位来管理课程成绩页面显示图,若以学生为单位来管理课程成绩与以班级为单位来管理课程成绩相似,只不过它针对的是一个学生而不是全班学生。页面显示效果图与以班级为单位来管理课程成绩页面显示效果图相似。这里就不列举了。下面介绍 AdminManager.htm 的主要代码,代码如下所示。

```
<html>
<head><title>欢迎登录成绩查询系统</title></head>
<frameset rows = "160,30, * " frameborder = "0" border = "0">
<frame name = "Manager" src = "Manager.asp">
<frame name = "UpdateManager">
<frame name = "DoManager">
</frameset>
</html>
```

### 1. 管理记录查询页 Manager.asp

Manager.asp 是管理记录查询页,用于管理员查询需要管理成绩的学生信息和课程信息。此页面是管理记录框架页 AdminManager.htm 的一部分。管理员进入管理记录框架页 AdminManager.htm,即可进入该页面,页面控件及功能如表 2.4.11 所示。

表 2.4.11　管理记录查询页页面控件及功能

| 对　象 | 功　能 |
|---|---|
| 表格 | 用于控制页面显示信息位置 |
| 表单 | 名称为 form1,提交目标网页为 DoManager.asp,数据采用隐式传递方式 |
| 文本框 | 名称为 stid,用于输入学生学号 |
| 下拉列表框 | 名称为 pwd,用于输入管理员密码 |
| 按钮 | 单击"浏览"按钮,提交表单 |
| 按钮 | 单击"重设"按钮,清空文本框和下拉列表框内容 |

下面介绍 Manager.asp 的主要代码,页面代码分析如下所示。

```
<!-- # include file = "Conn.asp" -->      <% '调用 Conn.asp 文件连接数据库 %>
<Link href = "Css.css" rel = stylesheet>
     <% '调用 Css.css 文件定义页面风格 %>
```

1) 定义"浏览"按钮的单击事件

页面设计:当用户单击"浏览"按钮时,先对查询表单中设置的数据进行验证。如果验证成功则提交给目标网页;如果验证失败则给出相应的提示信息。代码如下所示。

```
<!--
    '定义"测览"按钮的单击事件
Sub seerd_OnClick
    Dim msg              '声明变量
    msg = ""             '为变量赋初值
       '验证学号信息
       '如果学号信息为空,则提示"学号信息不能为空,请输入!"
    If form1.stid.value = "" Then
       msg = "学号信息不能为空,请输入!"
         '如果学号信息不是由数字[0-9]组成,则提示"学号信息由数字[0-9]组成,请修改!
```

```
    ElseIf Not IsNumeric(forml.stid.value) Then
        msg = "学号信息由数字[0-9]组成,请修改!"
    Else '验证学号长度
        '如果学号长度不为6或8,则提示"学号信息的长度只能为[6][8],请修改!"
        Select Case Len(forml.stid.value)
        Case 1,2,3,4,5,7
            msg = "学号信息的长度只能为[6][8],请修改!"
        End Select
    End If
        '验证课程信息
        '如果课程信息为空,则提示"课程信息不能为空,请选择!"
    If form1.coid.value = "" then msg = "课程信息不能为空,请选择!"
    End If
            '根据验证结果决定是否提交数据
        If msg = "" Then
            '清除子视窗 UpdateManager 中的提示信息
            Parent.UpdateManager.document.write("")
            Form1.submit
        Else
            Alert(msg)
            Form1.stid.focus
        End If
    End Sub
-->
```

## 2) 定义"重设"按钮的单击事件

页面设计：当用户单击"重设"按钮时,将清空学号信息和课程信息。代码如下所示。

```
<--
    '定义"重设"按钮 reset 的单击事件
    Sub reset_OnClick
        forml.stid.value = ""          '清空学号信息
        forml.Coid.value = ""          '清空课程信息
        forml.stid.focus
    End Sub
-->
```

## 3) 利用网页表单提交数据

页面设计：利用网页表单,将管理员输入的学号信息和选择的课程信息提交给目标网页。页面首先创建网页表单,并对表单控件进行设置,代码如下所示。

```
<% '创建表单 form1,采用隐式传递,提交目标网页 DoManager.asp %>
< form name = "forml" action = "DoManager.asp" method = "post" target = "DoManager">
< table width = "440" border = "0" bgcolor = "#FFE0A2" >
<tr>
   < td height = "25" colspan = "6" align = "center"
background = "Images/bgn.gif"><b>课程成绩管理</b>
   </td>
</tr>
< tr height = "40">
    < td width = "261" align = "right">学号: </td>
```

```
< td width = "103" align = "right">
<% '定义一个文本框控件 stid %>
< input name = "stid" type = "text" maxlength = "8" size = "12">
</td>
< td width = "70" align = "right">课程:  </td>
< td width = "56" align = "right">
    < select name = "coid">
        <% '定义了一个下拉列表框控件 coid 并设置其初始值 %>
    < option selected value = "">请选择课程名称</option>
        <% '读取课程信息表中的所有记录 %>
    Set Rs = Server. CreateObject("ADODB. Recordset")
        '创建记录集对象
        '把课程信息从课程表 Course 中全部取出来
    Sql = "SELECT id, title FROM Course"
        Rs. Open Sql, conn, 3, 3        '把取出的信息放在记录集对象中
        '循环读取记录集中所有的课程记录,并在下拉列表框控件 coid 中显示
    Do While Not Rs. EOF
%>
    <% '在下拉列表框控件 coid 中显示课程名称 %>
    < option value = <% = Rs("id") %>><% = Rs("title") %>></option>
<%
    Rs. MoveNext
    Loop                            '退出循环
    Rs. Close                       '关闭记录集
    Set Rs = Nothing                '释放记录集资源
%>
    </select>  </td>
    < td width = "87" align = "right">
        < input name = "seerd" type = "button" value = "浏览">
            <% '定义一个浏览按钮 seerd %>
    </td>
    < td width = "203"
        < input name = "reset" type = ""button" value = "重设"
            <% '定义一个重设按钮 reset %>
    </td>
    </tr>
    </table>
</form>                             <% '表单结束标记 %>
```

### 2. 管理记录页 DoManager. asp

DoManager. asp 是管理记录页,用于管理员修改或删除学生成绩。此页面是管理记录框架页 AdminManager. htm 的一部分。管理员进入管理记录框架页 AdminManager. htm,即可进入该页面。

下面介绍 DoManager. asp 的主要代码,页面代码分析如下所示。

```
<!-- # include file = "Conn. asp" -->        <% '调用 Conn. asp 文件连接数据库 %>
< Link href = "Css. css" rel = stylesheet>    <% '调用 Css. css 文件定义页面风格 %>
```

1) 接收网页表单传递的数据,根据数据进行查询

页面设计:首先接收管理记录查询页 Manager. asp 网页表单传递过来的数据。然后根

据接收的数据对学生成绩库进行查询,如果找到符合条件的记录则生成相应的记录表格,并可以进行修改和删除操作。

代码如下所示。

```
< form name = "form1">                   <% '定义成绩管理表单 %>
<%
    Dim stid                             '声明变量
    Dim coid
    Dim msg
    Dim stids
       '获取传递过来的表单数据
    stid = Request("stid")               '获取学生学号
    coid = Request("coid")               '获取课程编号
    '如果学号长度小于8,则说明学号长度为6,是以班级为单位管理课程成绩
    If Len(stid)<> 8 and Len(stid)<> 6 Then
    Response. Write "< script > alert(请输入学号(8 位数字)或者班级号(6 位数字)!');</script>"
    Else If Len(stid) = 6 Then
    stid = stid & " % " '获取班级编号
        msg = "":stids = ""
    '根据接收的学号和课程编号把数据库中属于该学号,该课程的已有成绩记录取出来
    Sql = "SELECT Sreport. * ,Student.name" & _
        "FROM Sreport " & _
        "INNER JOIN Student ON Student. id = Sreport. stid" & _
        "WHERE Sreport. stid LIKE '" & "'" & _
        "AND Sreport. coid = '" & coid & "'"
    Else
        Sql = "SELECT Sreport. * ,Student.name" & _
        " FROM Sreport " & _
        " INNER JOIN Student ON Student. id = Sreport. stid" & _
        " WHERE Sreport. stid =  '" & stid & "'" & _
        " AND Sreport. coid = '" & coid & "'"
        End If
Set Rs = Server. CreateObject("ADODB. Recordset")      '创建记录集对象
    Rs. Open sql,conn,3,3                 '把取出的信息放在记录集对象中
    '如果 Rs 不为空,则循环显示该学号的该课程的已有成绩信息
    If Rs. RecordCount > 0 Then
%>
< b >已登记的成绩记录</b>
< table border = "0" cellpadding = "0" cellspacing = "1"
bgcolor = " # 000000" Width = "80 % ">
    < tr bgcolor = " #FFFFFF" align = "center">
        < th width = '15 % '>序 号</th>
        < th width = '15 % '>学 号</th>
        < th width = '15 % '>姓 名</th>
        < th width = '15 % '>成 绩</th>
        < th width = '20 % '>备 注</th>
        < th width = '20 % '>操 作</th>
    </tr>
<%      '循环显示该学号的该课程的已有成绩信息
    For i = 1 To Rs. Recordcount
```

```
%>
    <tr bgcolor = '#FFFFFF' align = 'center'>
<%
    Response.Write("<td align = 'center'>" & i & "</td>")
        '显示学生序号
        '调用 ShowTextBox()过程,用于显示学生学号信息
    Call ShowTextBox("xh",i,9,8,Rs("stid"))
    Response.Write("<td align = 'center'>" & Rs("name") & "</td>")
        '显示学生姓名
        '调用 ShowTextBox()过程生成文本框控件,用于修改课程成绩信息并设初始值
    Call ShTextBox("cj",i,5,3,Rs("mark"))
        '调用 ShowTextBox()过程生成文本框控件,用于修改备注信息并设初始值
    Call ShTextBox("bz",i,25,50,Rs("note"))
        '调用 ShowButton 过程用于显示编辑和删除按钮
    Call ShowButton(i)
        '定义 ShowTextBox()过程生成文本框控件,用于修改课程成绩和备注信息
  Sub ShowTextBox(idname,i,tbsize,tbmaxlen,tbvalue)
    Response.Write("<td bgcolor = '#FFFFFF' align = 'center'>
<input = 'text'>")
    Response.Write("name = '" & idname & i & "'")
    Response.Write("size = '" & tbsize & "'")
    Response.Write("maxlength = '" & tbmaxlen & "'")
    Response.Write("value = '" & tbvalue & "'")
    Response.Write("style = 'border:none'")
    Response.Write("<readonly></td>")
End Sub
        '定义 ShowButton()过程用于显示编辑和删除按钮
Sub ShowButton(i)
    Response.Write("<td bgcolor = '#FFFFFF' align = 'center'>")
    Response.Write("<input type = 'button'>")
    Response.Write("name = 'edit" & i & "'")
    Response.Write("value = '编辑'")
    Response.Write("onclick = 'doedit(" & i & ")'>")
    Response.Write(" ")
    Response.Write("<input type = 'button'>")
    Response.Write("name = 'del" & i & "'")
    Response.Write("value = '删除'")
    Response.Write("onclick = 'dodel(" & i & ")'>")
    Response.Write("</td>")
End Sub
  Response.Write("</tr>")
  Rs.MoveNext
  Next
%>
  </table>
<% '如果 Rs 为空,则显示"没有找到符合要求的记录!"
  Else
    Response.Write("没有找到符合要求的记录!")
  End If
  Rs.Close
  Set Rs = Nothing
```

```
    Conn. Close
    Set Conn = nothing
%>
</form>                                    <%'表单结束标志 %>
```

2）创建一个隐藏表单

页面设计：创建一个隐藏表单，用于向管理记录更新页 UpdateManager. asp 传递需要更新的成绩信息。

其代码如下所示。

```
<%'创建表单 form2,采用隐式传递,提交目标网页 UpdateManager. asp %>
<form name = "form2" action = "UpdateManager. asp" method = "post" target = "UpdateManager">
    <input name = "stid" type = "hidden">        <%'保存学号信息 %>
    <input name = "coid" type = "hidden" value = "<% = coid %>">
                                                 <%'保存课程编号信息 %>
    <input name = "mark" type = "hidden">        <%'保存课程成绩信息 %>
    <input name = "note" type = "hidden">        <%'保存备注信息 %>
</form>                                           <%'表单结束标志 %>
```

3）定义"编辑"按钮和"删除"按钮的单击事件

页面设计：当用户单击"删除"按钮时，页面对删除操作进行确认，弹出删除确认对话框，用户单击"确定"按钮，即可删除该项记录。当用户单击"编辑"按钮时，在成绩信息和备注信息栏里出现文本框，用于修改成绩信息和备注信息，并且"编辑"按钮也会变为"确定"按钮。管理员输入成绩信息和备注信息。单击"确定"按钮进行验证，如果验证成功，则把数据提交给目标网页；如果验证失败，则给出相应的提示信息。

其代码如下所示。

```
<script language = "VBScript">
<!—
'定义 ededit()过程用于设置文本框控件的状态
Sub enedit( id, enmde)
    If enmode Then                        '设置为编辑状态
      Form1. elements( id). style. border = "insert"
      Form1. elements( id). style. borderwidth = "thin"
      Form1. elements( id). readonly = False
    Else
      Form1. elements( id). style. border = "none"
      Form1. elements( id). readonly = True
    End If
End Sub
'定义 Validate()过程用于进行数据验证
Function Validata( i)
    Dim msg, stid, mark, note
    Msg = ""
      '取得用户输入的数据
    Stid = form1. elements("xh" & i). value '获取学生学号信息
    mark = form1. elements("cj" & i). value '获取课程成绩信息
    note = form1. elements("bz" & i). value '获取备注信息
      '验证成绩信息的合法性
```

学生成绩管理系统

```
            If mark = "" Then '如果成绩信息为空,则提示"成绩信息不能为空,请输入!"
                msg = "成绩信息不能为空,请输入!"
                '如果成绩信息不为空但不是数字,则提示"成绩信息由数字组成,请修改!"
            ElseIf Not IsNumeric(mark) Then
                msg = "成绩信息由数字组成,请修改!"
                '如果成绩信息是数字但大于100或小于0,则提示"成绩应该在[0-100]之间,请修改!"
            ElseIF CInt(mark)> 100 0r CInt(mark)< 0 Then
                msg = "成绩应该在[0-100]之间,请修改!"
            End If
            '根据验证结果决定是否提交数据
            If msg = "" Then               '成绩信息正确则提交表单
                form2.stid.value = stid
                form2.mark.value = mark
                form2.note.value = note
                Validate = False
            End If
        End Function
        '定义"编辑"按钮的单击事件
        Sub doedit(i)
            Dim xhid, ejid, bzid, edid, dlid          '声明变量
            '生成当前记录行中的控件对象名称
            xhid = "xh" & i
            cjid = "cj" & i
            bzid = "bz" & i
            edid = "edid" & i
            dlid = "del" & i                          '为变量赋值
            '如果按钮的值为"编辑",则执行下面的语句
        If forml.elements(edid).value = "编辑" Then
            '将记录行设置为编辑状态
            '先在隐藏表单中备份原有数据
            form2.mark.value = forml.elements(cjid).value
            form2.note.value = forml.elements(bzid).value
                '允许成绩和备注文本框输入数据
            Call enedit(cjid,True)
                '调用 enedit()过程用于设置文本框控件的状态
            Call enedit(bzid,True)
                '修改按钮提示标题
            Forml.elements(edid).value = "确定"
            Forml.elements(dlid).value = "取消"
                '将输入焦点移到成绩文本框
            Form1.elements(cjid).focus
        Else                           '如果按钮标题为"确定",则验证数据
            If Validate(i) Then
                '通过数据验证,提交数据并记录行恢复只读状态
                Call enedit(cjid,False)
                '调用 enedit()过程用于设置文本框控件的状态
                Call enedit(bzid,False)
                Form1.elements(edid).value = "编辑"
                Form1.elements(dlid).value = "删除"
                form2.Submit
            End If
```

```
        End If
    End Sub
      '定义"删除"按钮的单击事件
    Sub dodel(i)
        Dim xhid,cjid,bzid,edited,delid        '声明变量
          '生成当前记录行中的控件对象名称
        xhid = "xh" & i: cjid = "cj" & i: bzid = "bz" & i: edid = "edit" & i
        : dlid = "del" & i                    '为变量赋值
            '根据按钮的标题文本内容来执行相应操作
        If form1.elements(dlid).value = "删除" Then '执行删除操作
            If MsgBox("当前记录将被删除!是否执行该删除操作?",292,"操作提示") = 6 Then
              '在删除记录的文本信息上添加删除线
            form1.elements(xhid).style.textdecoration = "line - through"
            form1.elements(cjid).style.textdecoration = "line - through"
            form1.elements(bzid).style.textdecoration = "line - through"
              '隐藏编辑和删除按钮(记录删除后不能进行任何操作)
            form1.elements(edid).style.display = "none"
            form1.elements(dlid).style.display = "none"
                '设置隐藏表单中需要提交的信息
            form2.stid.value = form1.elements(xhid).value
            form2.mark.value = ""
            form2.note.value = ""
                '提交隐藏表单
            form2.Submit
          Else
            Exit Sub
          End If
        Else      '如果采用按钮的标题文本为"取消",则恢复原有数据和记录行状态
          form1.elements(cjid).value = form2.mark.value
          form1.elements(bzid).value = form2.note.value
          Call enedit(cjid,False)
          Call enedit(bzid,False)
          form1.elements(edid).value = "编辑"
          form1.elements(dlid).value = "删除"
        End If
    End Sub
    -->
</script>
```

### 3. 管理记录更新页 UpdateManager. asp

UpdateManager. asp 是管理记录更新页,用于更新管理员修改或删除的成绩信息。此页面是管理记录框架页 AdminManager. htm 的一部分。管理员进入管理记录框架页 AdminManager. htm,即可进入该页面。

下面介绍 UpdateManager. asp 的主要代码。页面代码分析如下所示。

```
<!-- # include file = "Conn.asp" -->    <% '调用 Conn.asp 文件连接数据库 %>
< Link href = "Css.css" rel = stylesheet >
    <% '调用 Css.css 文件定义页面风格 %>
```

页面设计:首先接收网页表单传递过来的数据,并根据接收的学号信息来判定是否执

行数据库操作。如果学号信息不为空则执行数据库操作,否则不执行。然后根据接收的成绩信息来判定是执行更新操作,还是执行删除操作。如果接收的成绩信息不为空,则执行更新操作,更新该项记录;否则执行删除操作,删除该项记录。代码如下所示。

```
<%
    Dim stid                            '声明变量
    Dim coid
    Dim mark
    Dim note
    Dim okmsg
    Dim ermsg
        On Error Resume Next            '插入 On Error 语句
        '获取传递过来的表单数据
        stid = Request("stid")          '获取学生学号信息
        coid = Request("coid")          '获取课程编号信息
        mark = Request("mark")          '获取课程成绩信息
        note = Request("note")          '获取备注信息
        '分析并执行相应的数据库操作
        If stid<>"" Then                '如果学号信息不为空,则执行下面的语句
            '如果课程成绩不为空,则更新该项记录
        If mark<>"" Then                '生成更新语句
    Mysql = "UPDATE Sreport" & _
        " SET mark = " & mark & "," & _
            " note = '" & note & "'" & _
        " WHERE stid = '" & stid & "'" & _
            " AND coid = '" & coid "'"
    okmsg = "当前记录已经被成功更新!"
    ermsg = "更新操作出错!"
        '如果课程成绩为空,则删除该项记录
Else
    Mysql = "DELETE FROM Sreport" & _
        " WHERE stid = '" & stid & "'" & _
            " AND coid = '" & coid "'"
    okmsg = "当前记录已经被成功删除!"
    ermsg = "删除操作出错!"
End If
    '连接数据库并执行 SQL 语句
Conn.Execute mysql
    '检测数据库操作是否成功并显示相关结果
If Err.Number > 0 Or Conn.Errors.Count > 0 Then
    '如果操作有误,则提示"对不起,操作失败!"
        Response.Write("< font color = red >")
        Response.Write(ermsg & "对不起,操作失败")
        Response.Write("</font >")
        Response.Write("< p >" & Err.Number & ":" & Err.Description)
        Err.Clear
        Conn.Errors.Clear
Else                                    '如果操作成功,则显示相应的提示信息
        Response.Write(okmsg)
End If
```

```
  Conn. Close
  Set Conn = nothing
  End If
%>
```

# 4.9 退出系统模块

退出系统模块包括退出系统界面,并且在该系统中对学生用户/管理员类用户开放,负责结束学生用户/管理员类用户在登录模块所获得的 Session 变量,退出本系统,返回到系统首页。

Logout.asp 是退出系统页,用于学生用户/管理员退出登录状态。学生用户/管理员正常登录后,进入该系统,单击导航栏上的“退出”链接,即可进入该页面退出登录状态。

Logout.asp 的代码如下所示。

```
<%
  Session.Abandon                    '结束用户在登录后的 Session 变量
  Response.Redirect "Default.asp"    '网页跳转到系统首页 Default.asp
%>
```

页面设计效果:由于该页面没有任何 HTML 代码,也没有任何 HTML 的输出显示代码,所以浏览该页面时没有任何效果。

学生成绩管理系统

# 第5章 在线图书销售管理系统

本章作为课程设计的案例,利用 ASP.NET 环境中的脚本语言 C♯ 设计一个图书销售管理信息系统的简单应用程序。本案例涉及的功能比较少,有兴趣的读者可以在此基础上自行设计,增加一些其他的功能。

## 5.1 需 求 分 析

近年来,计算机和网络技术有了快速的发展和进步,商业销售方式从传统的店铺经营逐步发展到网络经营,顾客购买方式也从店铺购买逐步发展到网上购物。在线图书销售管理系统也随着网上购物的浪潮应运而生。

### 5.1.1 系统现状

在线图书销售管理系统对于网上图书销售管理和图书购买是非常重要的。现在许多商业销售部门都有自己的销售管理系统。用户可以在 Internet 上查询自己所需要的购物信息,足不出户就可以了解各方面的信息,进行网上交易,再利用物流公司就可以达到远程购物的目的。通过远程登录图书销售管理系统,查询出自己所需要的图书的详细信息并提交购买信息,这样即方便用户,同时也方便了销售人员的销售管理。

在线图书销售管理系统是 Internet 上最常见的销售管理系统之一,它的一个基本作用就是为图书销售部门提供所销售图书信息发布的平台。利用 ASP.NET 的 Web 开发平台,生成企业级 Web 应用程序所需的服务,提供一种新的编程模型和结构,用于生成更安全、可伸缩和稳定的应用程序。而使用 SQL Server 数据库,将减轻管理人员的工作量,使系统便于维护和管理。

### 5.1.2 用户需求

对于图书销售企业来说,利用现代计算机网络和通信技术、数据库技术,实现供应、销售等相关业务管理、共享数据资源,业务办理过程网络化、电子化。这样能够进一步畅通销售渠道,大大提高工作效率。

在线图书销售管理系统利用 Internet 的优势实现在线的图书销售管理,主要实现会员注册、会员信息管理、图书信息管理、订单信息管理等功能。

# 5.2　系统功能分析

根据图书销售的基本要求,本系统的功能分为管理员、普通用户和会员三类。管理员负责系统维护;普通用户只具有浏览网站的权限;会员则可以实现购买功能。为了问题的简单化,本课程设计只讨论系统管理员和会员两类用户。

## 5.2.1　系统功能概述

根据在线图书销售管理系统的需求,本系统主要完成如下功能:

- 注册功能:该项功能是为了让普通用户成为会员而设立的。
- 会员登录功能:会员登录后才可以实现利用购物车购买图书的功能。
- 购物车功能:若会员对某本图书感兴趣,可以将该图书放入自己的购物车,同超市中的购物篮一样,目的是方便记载会员购买的商品信息。
- 图书信息查找功能:用户可以直接搜索所需的图书信息,当图书信息数量很多时该项功能对用户来说是非常方便的。
- 个人中心:方便会员查看和修改个人信息。
- 图书信息分类列表:一般图书会有好多种,为了分门别类而使得这项功能非常有用。当用户需要某种类型的图书时,只需要使用该功能就可以看到所有属于该类的图书信息。
- 订单查询功能:该项功能是方便查询会员的所有订单情况,从而及时地将订单上的货物邮寄给会员。
- 添加修改图书信息:该功能是为了对网站图书信息进行维护而设立的。

根据不同的用户需求,本章所介绍的在线销售管理系统主要完成以下两个功能区。

**1. 用户功能区**

根据需求,用户可以完成如下操作:

- 用户进行注册;
- 用户浏览图书信息;
- 用户查找图书信息;
- 用户选择购买图书信息;
- 用户提交购买图书订单信息;
- 用户修改个人资料信息;
- 用户填写意见信息。

**2. 管理员功能区**

- 管理员浏览用户购买图书信息;
- 管理员添加新图书信息;
- 管理员修改、删除图书信息;
- 管理员浏览用户意见信息;
- 管理员核查购买图书费用信息。

### 5.2.2 系统功能模块设计

在线图书销售管理系统各功能模块如图 2.5.1 所示。

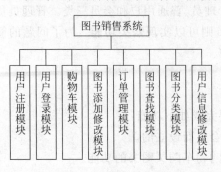

图 2.5.1　系统功能模块图

（1）用户注册模块：此模块要求购买图书者必须首先进行会员注册，成为本系统的合法用户。用户在注册模块中主要完成：登录账号、登录密码、信用卡账号、信用卡密码、姓名、身份证号、性别、家庭地址、联系电话和手机号等初始信息的填写。

（2）会员登录模块：此模块包括会员登录和检查会员登录信息功能，主要负责根据用户所输入的登录账号和登录密码判断该用户是否合法。

（3）购物车模块：此模块的功能是将会员购书的信息放入到购物车中，其中包括购物车编号、书名、每种书的数量、购买日期、每种书的总价、图书单价、国际标准书号、电子邮箱（会员账号）。

（4）图书添加修改模块：此模块的功能是系统管理员在后台对新进图书信息添加、对图书信息的修改和对废除图书信息的删除。

（5）订单管理模块：此模块的功能是管理员通过查看会员的订单，了解会员购书信息，从而及时地将图书邮寄给相应会员。

（6）图书查找模块：此模块的功能是用户通过访问图书信息表，快速查询到自己感兴趣的图书信息。

（7）图书分类模块：此模块的功能是用户按分类查询图书信息表中的图书信息，例如"人文社科类"、"自然科学类"、"艺术美育类"等类图书信息。

（8）用户信息修改模块：此模块的功能是会员登录系统后修改自己的信息。

系统主要功能如下所示：

- 管理员管理功能：负责整个系统的后台管理。
- 管理员添加、修改和删除图书信息功能。
- 会员查询指定图书信息功能。
- 会员购买图书信息的提交功能。
- 管理员/会员退出系统功能。

系统主要分为两大功能模块如下。

**1. 前台系统功能模块**

前台系统功能模块主要涉及会员操作，会员负责整个系统的前台操作，如图 2.5.2 所示。

**2. 后台系统功能模块**

后台系统功能模块主要涉及到操作员操作，管理员负责整个系统的后台管理，如图 2.5.3 所示。

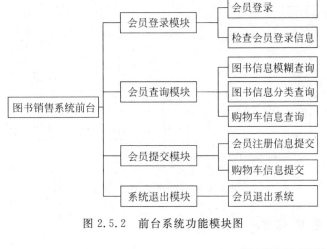

图 2.5.2　前台系统功能模块图

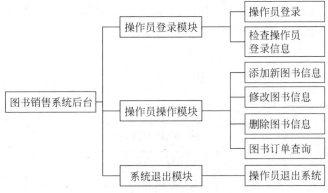

图 2.5.3　后台系统功能模块图

# 5.3　系统总体设计

系统总体设计是指关于对象系统的总体机能以及和其他系统的相关方面的设计。也包括基本环境要求,用户界面的基本要求等。

## 5.3.1　总体系统流程图

通过会员的前台操作和管理员的后台操作来完成在线图书销售管理系统的总体结构流程。总体系统流程如图 2.5.4 所示。

## 5.3.2　前台系统结构

会员前台操作主要完成用户登录、浏览图书信息、购买图书的流程信息,其结构如图 2.5.5 所示。

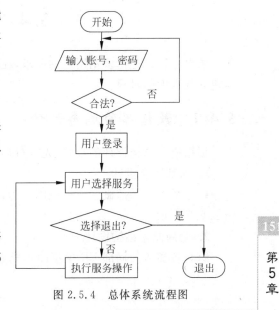

图 2.5.4　总体系统流程图

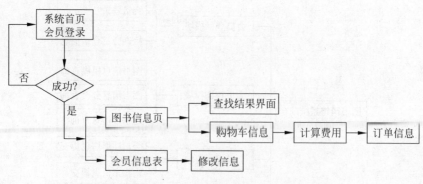

图 2.5.5 会员前台操作结构图

### 5.3.3 后台系统结构

管理员后台操作主要完成管理员登录、添加新图书信息、删除旧图书信息、查询订书单信息和查看意见箱信息。其结构如图 2.5.6 所示。

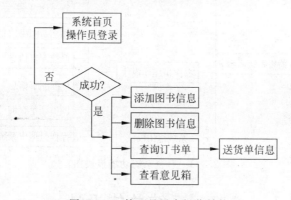

图 2.5.6 管理员后台操作结构图

# 5.4 数据库设计

数据库设计是指根据用户的需求,在某一具体的数据库管理系统上,设计数据库的结构和建立数据库的过程。

## 5.4.1 数据库的概念设计

根据概念结构设计的步骤,先进行局部概念设计,然后再对各个局部概念进行综合。

**1. 局部概念设计**

确定系统的局部概念设计范围。为讨论简单起见,只给出各个实体的局部 ER 模型,如图 2.5.7 所示。

**2. 全局概念结构设计**

综合各实体的局部 ER 模型图形成如图 2.5.8 所示的全局 ER 图。

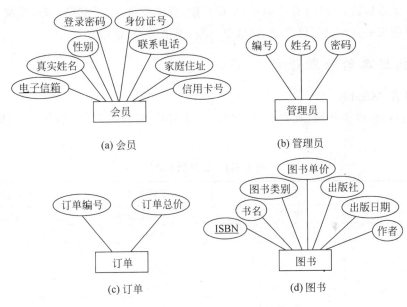

(a) 会员      (b) 管理员

(c) 订单      (d) 图书

图 2.5.7　各个实体的局部 ER 模型

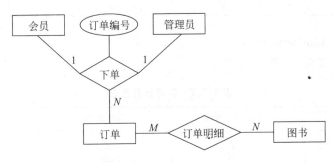

图 2.5.8　系统 ER 模型图

## 5.4.2　数据库的逻辑设计

数据库的逻辑设计就是将概念设计阶段设计的 ER 模型转化为关系模式,可分两个步骤进行。

**1. 将实体转化为关系模式**

会员关系模式:会员(<u>电子邮箱</u>,真实姓名,性别,登录密码,身份证号,联系电话,家庭住址,信用卡号)

管理员关系模式:管理员(<u>编号</u>,姓名,密码)

订单关系模式:订单(<u>订单编号</u>,下单日期,订单总价)

图书关系模式为:图书(<u>ISBN</u>,图书名,图书类别,图书单价,出版社,出版日期,作者)

**2. 将联系转化为关系模式**

在概念设计阶段共设计两个联系,一个是下单联系,是一个 $1:1:M$ 的三元联系,可以将其放到 $N$ 端实体转化为的关系模式上,另一个为订单与图书之间的 $M:N$ 的联系,必须将它转化为一个新的关系模式。结果为:

在线图书销售管理系统

- 订单关系模式：订单(<u>订单编号</u>,下单日期,订单总价,电子邮箱,管理员编号)
- 订单明细关系模式：订单明细(<u>订单编号,图书编号</u>,数量)

### 5.4.3 数据库的物理设计

**1. 会员表(Member)**

会员信息包括电子邮箱、真实姓名、性别、登录密码、身份证号、联系电话、家庭住址、信用卡号。

表 2.5.1 会员信息表

| 字段名 | 字段描述 | 字段类型 | 备注 |
| --- | --- | --- | --- |
| Email | 电子邮箱 | varchar(50) | 主键 |
| TrueName | 真实姓名 | varchar(20) | |
| Sex | 性别 | char(2) | |
| Password | 登录密码 | varchar(20) | |
| IDNumber | 身份证号 | varchar(20) | |
| Telephone | 联系电话 | varchar(15) | |
| Address | 家庭住址 | varchar(50) | |
| CreditCard | 信用卡号 | varchar(50) | |

**2. 管理员表(Administrator)**

管理员信息包括编号、姓名、密码。

表 2.5.2 管理员信息表

| 字段名 | 字段描述 | 字段类型 | 备注 |
| --- | --- | --- | --- |
| AdminNo | 编号 | varchar(20) | 主键 |
| Name | 姓名 | varchar(20) | |
| Password | 密码 | varchar(20) | |

**3. 图书表(Book)**

图书信息包括 ISBN、图书名、图书类别、图书单价、出版社、出版日期、作者。

表 2.5.3 图书信息表

| 字段名 | 字段描述 | 字段类型 | 备注 |
| --- | --- | --- | --- |
| ISBN | ISBN | varchar(50) | 主键 |
| BookName | 图书名 | varchar(50) | |
| BookType | 图书类别 | varchar(20) | |
| BookPrice | 图书单价 | float | |
| Publisher | 出版社 | varchar(50) | |
| PublishDate | 出版日期 | datetime | |
| Author | 作者 | varchar(20) | |

**4. 订单表(Order)**

订单信息包括订单编号、下单日期、订单总价、电子邮箱、管理员编号。

表 2.5.4　订单信息表

| 字段名 | 字段描述 | 字段类型 | 备注 |
| --- | --- | --- | --- |
| OrderID | 订单编号 | int | 主键,标识,从 1000 开始 |
| OrderDate | 下单日期 | datetime | |
| Email | 电子邮箱 | varchar(50) | 外键,标识客户 |
| AdminNo | 管理员编号 | varchar(20) | 外键,标识管理员 |
| OrderTotal | 订单总价 | float | |

### 5. 订单明细表（OrderDetail）

订单明细信息包括订单编号、ISBN、数量。

表 2.5.5　订单明细信息表

| 字段名 | 字段描述 | 字段类型 | 备注 |
| --- | --- | --- | --- |
| OrderDetailID | 订单明细编号 | int | 主键,标识,从 1 开始 |
| OrderID | 订单编号 | int | 外键 |
| ISBN | ISBN | varchar(50) | 外键 |
| Amount | 数量 | int | |

# 5.5　应用程序设计

利用应用程序设计用户界面和访问数据库。用户界面是用户控制和使用系统的工具和手段,友好、易用的用户界面有助于对数据库数据的操作。

## 5.5.1　系统设计总体思路

系统采用多层结构实现,所有数据访问层代码放在 DataAccess 目录下,所有业务层代码放在 Business 目录下,所有表示层放在 UI 目录下。

系统的页面设计采用层叠样式表(CSS),在本系统中所有页面共同调用一个 CSS 文件,该文件放在 CSS 目录下,文件名为 Style.css。

```
.bolder{ font-weight: bolder;}
.red{ color: #FF0000;}
.left{ text-align: left;}
.center{ text-align: center;}
.right{ text-align: right;}
.header{ background-color: #EEEEEE; height: 30px;}
/ * Table * /
table.t01{ width: 800px; border: 1px solid #a0a0a0;background-color: #dfe8f7; border
-collapse: collapse;}
table.t02{ width: 400px; border: 1px solid #a0a0a0;background-color: #dfe8f7;border-
collapse: collapse;}
/ * TD * /
td{ padding: 3px; border: 1px solid #a0a0a0;}
td.td100{ width: 100px; padding: 3px; border: 1px solid #a0a0a0;}
td.td300{ width: 300px; padding: 3px; border: 1px solid #a0a0a0;}
```

```
td.td03{  width: 30%;  text-align: right;  padding: 3px;  border: 1px solid #a0a0a0;}
td.td07{  width: 70%;  text-align: left;  padding: 3px;  border: 1px solid #a0a0a0;}
input.bu01{height: 24px;width: 75px;  text-align: center;}
input.in01{border: #ffffff outset;font-size: 12px;width: 98%;border-width: 0px 0px 1px
0px;  background-color: #dfe8f7;text-align: left;}
input.in02{border: #ffffff outset;font-size: 12px;  width: 200px;  border-width: 0px 0px
1px 0px;  background-color: #dfe8f7;text-align: left;}
A:link{color: #0000ff;  border: 0;  text-decoration: none;text-align: left;}
A:visited{color: #0000ff;border: 0;text-decoration: none;text-align: left;}
A:active{  color: #ff0000;border: 0;  text-decoration: none;text-align: left;}
A:hover{  color: #ff0000;border: 0;  text-decoration: none;text-align: left;}
A.a01:link{color: #0000ff;border: 0;  text-decoration: none;text-align: left;}
A.a01:visited{  color: #0000ff;border: 0;  text-decoration: none;text-align: left;}
A.a01:active{  color: #ff0000;border: 0;  text-decoration: none;text-align: left;}
A.a01:hover{  color: #ff0000;border: 0;  text-decoration: none;text-align: left;}
p.p01{margin: 4 0 8 0;  text-align: center;}
```

系统中多次在页面中弹出对话框,在 ASP. NET 中未提供这个功能,为此本书扩展了 Page 类,使 Page 具有弹出对话框功能。该扩展类放在 Util 目录下。代码如下:

```
namespace BookSales.Util
{
    public static class PageExtensions
    {
        /// <summary>
        /// 服务器端弹出 alert 对话框
        /// </summary>
        /// <param name = "str_Message">提示信息,例子: "请输入您姓名!"</param>
        /// <param name = "page"> Page 类</param>
        public static void Alert(this Page page, string str_Message)
        {
            page. ClientScript. RegisterStartupScript(page. GetType(), "", "< script > alert
('" + str_Message + "');</script>");
        }


        /// <summary>
        /// 服务器端弹出 alert 对话框
        /// </summary>
        /// <param name = "str_Message">提示信息,例子: "请输入您姓名!"</param>
        /// <param name = "str_CtlNameOrPageUrl">获得焦点控件 Id 值,比如: txt_Name,或者将要跳
转的页面</param>
        /// <param name = "page"> Page 类</param>
        public static void Alert ( this Page page, string str_Message, string str_
CtlNameOrPageUrl)
        {
            if (str_CtlNameOrPageUrl. IndexOf(".") >= 0)
            {
//如果 str_CtlNameOrPageUrl 里有,说明为地址
        page. ClientScript. RegisterStartupScript(page. GetType(), "", "< script > alert('" + str_
Message + "');self. location = '" + str_CtlNameOrPageUrl + "';</script>");
            }
```

```
        else
        {
    page.ClientScript.RegisterStartupScript(page.GetType(), "", "<script>alert('" + str_
Message + "');document.forms(0)." + str_CtlNameOrPageUrl + ".focus();document.forms(0)." +
str_CtlNameOrPageUrl + ".select();</script>");
        }
    }
        }
    }
```

系统提供访问数据库的通用类,放在 DataAccess 目录下的 SqlHelper.cs 文件中。

```
public class SqlHelper
{
    static string strConn;
    static SqlHelper()
    {
        strConn = System.Configuration.ConfigurationManager.ConnectionStrings["strConn"].
ConnectionString;
    }
    /// <summary>
    /// 执行更新语句
    /// </summary>
    /// <param name = "strSql"></param>
    /// <returns></returns>
    public static void ExecuteNonQuery(string strSql)
    {
        SqlConnection objConn = new SqlConnection(strConn);
        SqlCommand objCmd = new SqlCommand(strSql, objConn);
        try
        {
            objConn.Open();
            objCmd.ExecuteNonQuery();
        }
        catch (Exception e)
        {
            throw e;
        }
        finally
        {
            objCmd.Dispose();
            objCmd = null;
            objConn.Close();
            objConn = null;
        }
    }
    /// <summary>
    /// 查找单个数据
    /// </summary>
    /// <param name = "strSql"></param>
    /// <returns></returns>
```

```csharp
public static object ExecuteScalar(string strSql)
{
    object ret = null;
    SqlConnection objConn = new SqlConnection(strConn);
    SqlCommand objCmd = new SqlCommand(strSql, objConn);
    try
    {
        objConn.Open();
            ret = objCmd.ExecuteScalar();
    }
    catch (Exception e)
    {
        throw e;
    }
    finally
    {
        objCmd.Dispose();
        objCmd = null;
        objConn.Close();
        objConn = null;
    }
    return ret;
}

/// < summary >
/// 返回数据集
/// </ summary >
/// < param name = "strSql"></ param >
/// < returns ></ returns >
public static DataSet ExecuteDataSet(string strSql)
{
    SqlConnection objConn = new SqlConnection(strConn);
    SqlDataAdapter objCmd = new SqlDataAdapter(strSql, objConn);
    DataSet ds = new DataSet();
    try
    {
        objConn.Open();
            objCmd.Fill(ds);
    }
    catch (Exception e)
    {
        throw e;
    }
    finally
    {
        objCmd.Dispose();
        objCmd = null;
        objConn.Close();
        objConn = null;
    }
    return ds;
    }
}
```

## 5.5.2 会员注册模块

系统提供会员注册功能,只有注册会员才能在系统中购物,会员注册时需要填写电子邮箱、真实姓名、性别、登录密码、身份证号、联系电话、家庭住址、信用卡号等信息,所有信息填写完成后单击"确定"按钮即可完成会员注册。会员注册完成后系统将自动跳转到会员登录窗口,如图 2.5.9 所示。

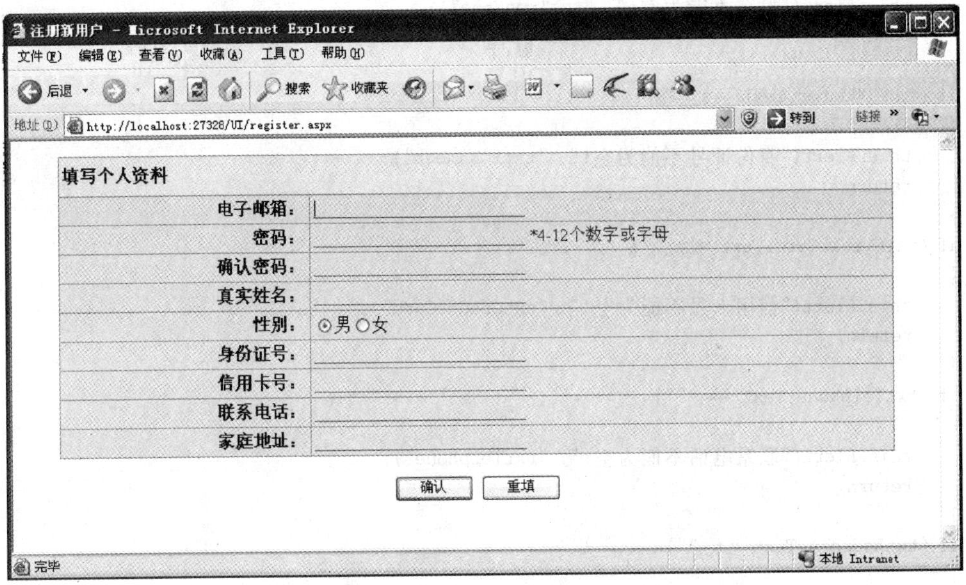

图 2.5.9　用户注册

代码如下:

```csharp
/// < summary >
/// 确定注册
/// </summary>
protected void btnConfirm_Click(object sender, EventArgs e)
{
//首先验证信息输入是否完整
if (this.txtEmail.Text == "")
{
    this.Alert("邮箱不能为空!", "txtEmail");
    return;
}
if (txtPassword.Text == "")
{
    this.Alert("密码不能为空!", "txtPassword");
    return;
}
if (txtPassword.Text.Length < 4)
{
    this.Alert("密码太短,请重新设置!", "txtPassword");
    return;
```

```
        }
        if (txtPassword2.Text == "")
        {
            this.Alert("确认密码不能为空!", "txtPassword2");
            return;
        }
        if (txtTrueName.Text == "")
        {
            this.Alert("姓名不能为空!", "txtTrueName");
            return;
        }
        if (txtIDNumber.Text == "")
        {
            this.Alert("身份证号不能为空!", "txtIDNumber");
            return;
        }
        if (txtCreditCard.Text == "")
        {
            this.Alert("信用卡号不能为空!", "txtCreditCard");
            return;
        }
        if (txtTelphone.Text == "")
        {
            this.Alert("联系电话不能为空!", "txtTelphone");
            return;
        }
        if (txtAddress.Text == "")
        {
            this.Alert("家庭地址不能为空!", "txtAddress");
            return;
        }

Member m = new Member();
m.Email = this.txtEmail.Text.Trim();
m.TrueName = this.txtTrueName.Text.Trim();
m.Sex = this.rblSex.SelectedValue;
m.Password = this.txtPassword.Text.Trim();
m.IDNumber = this.txtIDNumber.Text.Trim();
m.Telephone = this.txtTelephone.Text.Trim();
m.Address = this.txtAddress.Text.Trim();
m.CreditCard = this.txtCreditCard.Text.Trim();

MemberDAO md = new MemberDAO();
try
{
    md.Insert(m);
    this.Alert("注册成功,确定跳转到登录窗口.", "Login.aspx");
}
catch(Exception)
{
    this.Alert("输入信息有误,请重新输入!", "txtEmail");
}
}
```

注册方法中用到的 Member 类定义如下：

```
namespace BookSales.Business
{
    public class Member
    {
        private string _Email;
        private string _TrueName;
        private string _Sex;
        private string _Password;
        private string _IDNumber;
        private string _Telephone;
        private string _Address;
        private string _CreditCard;

        /// <summary>
        /// 添加会员语句
        /// </summary>
        public string SqlInsert
        {
            get
            {
                return "Insert into Member Values ('" + this._Email
                    + "','" + this._TrueName
                    + "','" + this._Sex
                    + "','" + this._Password
                    + "','" + this._IDNumber
                    + "','" + this._Telephone
                    + "','" + this._Address
                    + "','" + this._CreditCard + "') ";
            }
        }

        /// <summary>
        /// 修改会员语句
        /// </summary>
        public string SqlUpdate
        {
            get
            {
                return "Update Member Set TrueName = '" + this._TrueName
                    + "',Sex = '" + this._Sex
                    + "', [Password] = '" + this._Password
                    + "', IDNumber = '" + this._IDNumber
                    + "',Telephone = '" + this._Telephone
                    + "',Address = '" + this._Address
                    + "', CreditCard = '" + this._CreditCard
                    + "' Where Email = '" + this._Email + "'";
            }
        }

        public Member()
        {
        }
```

162

```
public string Email
{
    get
    {
        return this._Email;
    }
    set
    {
        this._Email = value;
    }
}

public string TrueName
{
    get
    {
        return this._TrueName;
    }
    set
    {
        this._TrueName = value;
    }
}

public string Sex
{
    get
    {
        return this._Sex;
    }
    set
    {
        this._Sex = value;
    }
}

public string Password
{
    get
    {
        return this._Password;
    }
    set
    {
        this._Password = value;
    }
}

public string IDNumber
{
    get
    {
        return this._IDNumber;
    }
```

```
            set
            {
                this._IDNumber = value;
            }
        }

        public string Telephone
        {
            get
            {
                return this._Telephone;
            }
            set
            {
                this._Telephone = value;
            }
        }

        public string Address
        {
            get
            {
                return this._Address;
            }
            set
            {
                this._Address = value;
            }
        }
        public string CreditCard
        {
            get
            {
                return this._CreditCard;
            }
            set
            {
                this._CreditCard = value;
            }
        }
    }
}
```

MemberDAO 类的 Insert 方法定义如下：

```
/// <summary>
/// 添加一个会员
/// </summary>
/// <param name = "m"></param>
public void Insert(Member m)
{
    try
    {
        SqlHelper.ExecuteNonQuery(m.SqlInsert);
```

```
        }
        catch (Exception e)
        {
            throw e;
        }
}
```

### 5.5.3　会员登录模块

系统提供会员登录功能,只有登录到系统的会员才可以购书,界面如图 2.5.10 所示。

图 2.5.10　会员登录

会员登录模块的代码如下:

```
/// <summary>
/// 登录系统
/// </summary>
protected void btnLogin_Click(object sender, EventArgs e)
{
if (txtAccount.Text == "")
{
    this.Alert("账号不能为空!", "txtAcount");
    return;
}
if (txtPassword.Text == "")
{
    this.Alert("密码不能为空!", "txtPassword");
    return;
}
MemberDAO md = new MemberDAO();
Member m = md.GetMember(this.txtAcount.Text.Trim(), this.txtPassword.Text.Trim());
if (m == null)
{
    this.Alert("用户名或密码错误!", "txtAcount");
```

```
    }
    else
    {
        Session["User"] = m;
        Response.Redirect("usercenter.aspx");
    }
}
```

登录成功后，将用户信息写入 Session，并跳转到用户中心窗体。用户中心界面如图 2.5.11 所示。

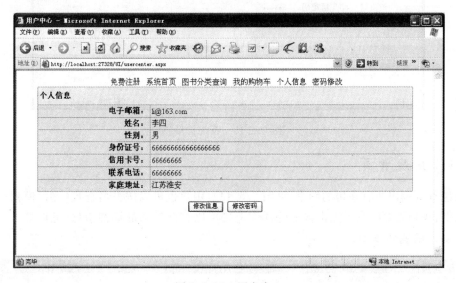

图 2.5.11  用户中心

在用户中心提供个人信息修改与密码修改功能，界面分别如图 2.5.12 和图 2.5.13 所示，这两个功能的代码较为简单，在本书就不列出了，有兴趣的读者可以到程序中查看。

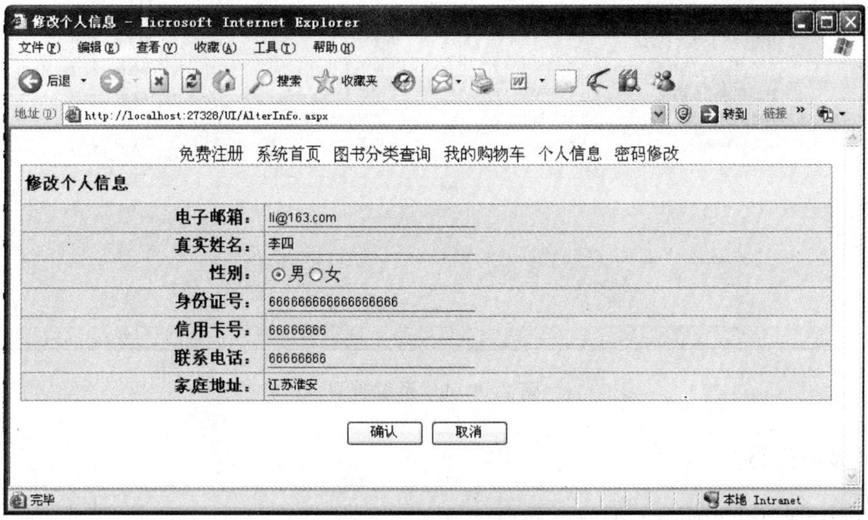

图 2.5.12  系统首页

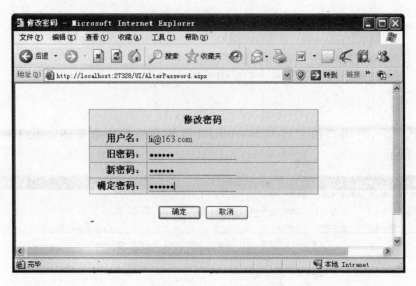

图 2.5.13　系统首页

## 5.5.4　系统首页

系统首页列出所有在售的图书（见图 2.5.14），用户也可以按书名查找（支持模糊查询）需要的图书，找到需要的书后点击该书的详细链接可以打开该书的详细信息（见图 2.5.15），并可加到自己的购物车中。

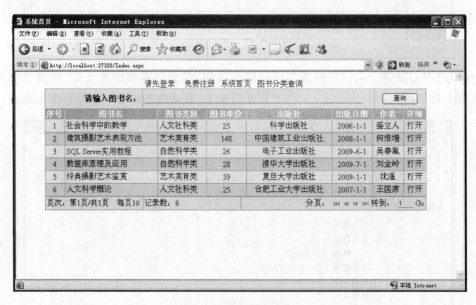

图 2.5.14　系统首页

数据绑定代码：

```
private void Bind(string bookname)
{
BookDAO bd = new BookDAO();
```

```csharp
List<Book> lb;
if (string.IsNullOrEmpty(bookname))
{
    lb = bd.GetBooks();
}
else
{
    lb = bd.GetBooks(bookname);
}
GridView1.DataSource = lb;
GridView1.DataBind();
ShowStats(lb.Count);
}
```

图 2.5.15　图书详细信息

在数据绑定方法中用到 BookDAO 类中的 GetBooks 方法，该方法在 BookDAO 中提供了重载，实现分别如下：

```csharp
/// <summary>
/// 查找所有图书
/// </summary>
/// <returns></returns>
public List<Book> GetBooks()
{
    List<Book> lb = new List<Book>();
    strSql = "select * from Book";
    DataSet ds = SqlHelper.ExecuteDataSet(strSql);
    foreach (DataRow dr in ds.Tables[0].Rows)
    {
        Book b = RowToObject(dr);
        lb.Add(b);
```

```
    }
    return lb;
}


/// < summary >
/// 查找所有满足条件图书,提供模糊查找功能
/// </ summary >
/// < returns ></ returns >
public List < Book > GetBooks(string bookname)
{
    List < Book > lb = new List < Book >();
    strSql = "select * from Book where BookName like '%" + bookname + "%'";
    DataSet ds = SqlHelper.ExecuteDataSet(strSql);
    foreach (DataRow dr in ds.Tables[0].Rows)
    {
        Book b = RowToObject(dr);
        lb.Add(b);
    }
    return lb;
}
```

RowToObject 方法将一行数据信息转换为一个 Book 对象,使用系统完全面向对象实现,在其他表中也有相同的方法,将不再单独介绍。

```
/// < summary >
///将一行转换为一本图书信息
/// </ summary >
/// < param name = "dr"></ param >
/// < returns ></ returns >
private Book RowToObject(DataRow dr)
{
    Book b = new Book();
    b.ISBN = dr["ISBN"].ToString();
    b.BookName = dr["BookName"].ToString();
    b.BookType = dr["BookType"].ToString();
    b.BookPrice = Double.Parse (dr["BookPrice"].ToString());
    b.Publisher = dr["Publisher"].ToString();
    b.PublishDate = DateTime.Parse (dr["PublishDate"].ToString());
    b.Author = dr["Author"].ToString();
    return b;
}
```

系统中使用的 Book 类与 Book 表结构完全相同,为 Book 表的抽象。

```
public class Book
{
    private string _ISBN;
    private string _BookName;
    private string _BookType;
    private System.Nullable < double > _BookPrice;
    private string _Publisher;
```

```csharp
private System.Nullable<System.DateTime> _PublishDate;
private string _Author;

public Book()
{
}

/// <summary>
/// 添加图书语句
/// </summary>
public string SqlInsert
{
    get
    {
        return "Insert into Book Values ('" + this._ISBN
            + "','" + this._BookName
            + "','" + this._BookType
            + "','" + this._BookPrice
            + "','" + this._Publisher
            + "','" + this._PublishDate
            + "','" + this._Author + "') ";
    }
}

/// <summary>
/// 修改图书语句
/// </summary>
public string SqlUpdate
{
    get
    {
        return "Update Book Set BookName = '" + this._BookName
            + "',BookType = '" + this._BookType
            + "', BookPrice = '" + this._BookPrice.ToString()
            + "', Publisher = '" + this._Publisher
            + "',PublishDate = '" + this._PublishDate.ToString()
            + "', Author = '" + this._Author
            + "' Where ISBN = '" + this._ISBN + "'";
    }
}

public string ISBN
{
    get
    {
        return this._ISBN;
    }
    set
    {
        this._ISBN = value;
    }
```

在线图书销售管理系统

```
        }

        public string BookName
        {
            get
            {
                return this._BookName;
            }
            set
            {
                this._BookName = value;
            }
        }

        public string BookType
        {
            get
            {
                return this._BookType;
            }
            set
            {
                this._BookType = value;
            }
        }

        public System.Nullable < double > BookPrice
        {
            get
            {
                return this._BookPrice;
            }
            set
            {
                this._BookPrice = value;
            }
        }

        public string Publisher
        {
            get
            {
                return this._Publisher;
            }
            set
            {
                this._Publisher = value;
            }
        }

        public System.Nullable < System.DateTime > PublishDate
```

```
        {
            get
            {
                return this._PublishDate;
            }
            set
            {
                this._PublishDate = value;
            }
        }

        public string Author
        {
            get
            {
                return this._Author;
            }
            set
            {
                this._Author = value;
            }
        }
    }
```

会员如果需要购买,填入欲购数量(默认为 1),单击"放进购物车"按钮即可。

## 5.5.5  购物车模块

会员可以查看自己的购物车(见图 2.5.16),在该模块会员可以移除购物车中的图书,也可以单击"确定购买"按钮生成订单。

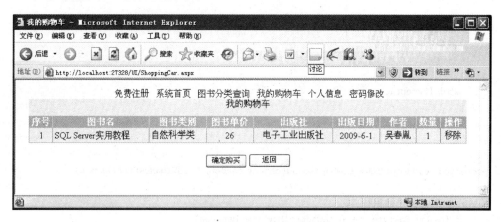

图 2.5.16  购物车查看页面

购物车模块代码如下:

```
protected void Page_Load(object sender, EventArgs e)
{
    if (!this.IsPostBack)
```

```
                {
        BindData();
                }
        }


private void BindData()
{
        List < Shopping > ls = (List < Shopping >)Session["Cart"];
        this.GridView1.DataSource = ls;
        this.DataBind();
}

protected void GridView1_RowCommand(object sender, GridViewCommandEventArgs e)
{
        try
        {
                int index = Convert.ToInt32(e.CommandArgument);
                string isbn = GridView1.DataKeys[index].Value.ToString();
                switch (e.CommandName)
                {
                        case "Del":
                List < Shopping > ls = (List < Shopping >)Session["Cart"];
                foreach (Shopping s in ls)
                {
                        if (s.ISBN.Equals(isbn))
                        {
                ls.Remove(s);
                Session["Cart"] = ls;
                break;
                        }
                }
                BindData();
                break;
                }
        }
        catch (Exception)
        {
        }
}

protected void GridView1_RowDataBound(object sender, GridViewRowEventArgs e)
{
    //如果是绑定数据行
    if (e.Row.RowType == DataControlRowType.DataRow)
    {
            if (e.Row.RowState = = DataControlRowState.Normal || e.Row.RowState = =
DataControlRowState.Alternate)
        {
    ((LinkButton)e.Row.Cells[8].Controls[0]).Attributes.Add("onclick", "javascript:return
confirm('你确认要移除:" + e.Row.Cells[1].Text + "吗?')");
        }
```

```
        }

    }

/// < summary >
/// 结算,将放到购物车中的物品
/// </summary >
protected void btnPayment_Click(object sender, EventArgs e)
{
    OrderDAO od = new OrderDAO();
    List < Shopping > ls = (List < Shopping >)Session["Cart"];
    double total = 0.0;
    foreach (Shopping s in ls)
    {
        total + = (double)s.BookPrice * s.Amount;
    }
    //首先放入订单表
    Order o = new Order();
    o.AdminNo = "";
    o.Email = ((Member)Session["User"]).Email;
    o.OrderDate = DateTime.Now;
    o.OrderTotal = total;
    int orderId = od.Insert(o);
    //然后放入订单明细表
    od.InsertOrderDetail(ls, orderId);

    this.Alert("下单完成,请到收银台付款,请记住您的订单号为: " + orderId,"../Index.
aspx");
    Session["Cart"] = null;
}
```

## 5.5.6 管理员登录

系统管理员需要管理系统中的图书和订单,在使用这些功能前需要登录系统,界面如图 2.5.17 所示。

图 2.5.17 管理员登录

管理员登录部分代码如下所示：

```
/// < summary >
/// 登录系统
/// </summary>
protected void btnLogin_Click(object sender, EventArgs e)
{
    AdministratorDAO ad = new AdministratorDAO();
    Administrator a =
        ad.GetAdministrator(this.txtAcount.Text.Trim(), this.txtPassword.Text.Trim());
    if (a == null)
    {
        this.Alert("用户名或密码错误!", "txtAcount");
    }
    else
    {
        Session["Admin"] = a;
        Response.Redirect("OrderList.aspx");
    }
}
```

管理员登录成功后，将管理员信息写入 Session，同时登录到订单管理模块。

### 5.5.7 图书管理模块

系统提供图书管理功能，如图 2.5.18 所示，在该模块首先列出所有在售的图书，在该模块提供对图书的添加、修改、删除与查询功能。单击"添加新书"按钮，跳转到添加图书页面（见图 2.5.19），单击"修改"链接，跳转到修改图书页面；单击"删除"链接，弹出警告对话框让管理员确认是否删除该图书。

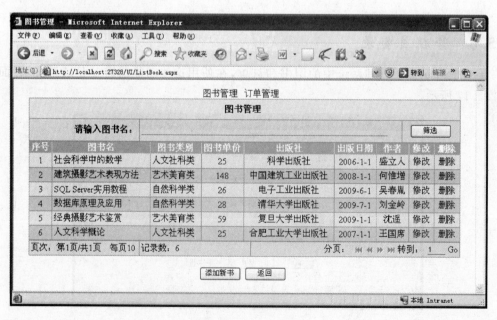

图 2.5.18　图书管理

图书管理功能部分代码如下:

```
protected void Page_Load(object sender, EventArgs e)
{
    if (!this.IsPostBack)
    {
        Bind("");
    }
}

private void Bind(string bookname)
{

    BookDAO bd = new BookDAO();
    List < Book > lb;

    if (string.IsNullOrEmpty(bookname))
    {
        lb = bd.GetBooks();
    }
    else
    {
        lb = bd.GetBooks(bookname);
    }
    GridView1.DataSource = lb;
    GridView1.DataBind();
}

protected void GridView1_RowCommand(object sender, GridViewCommandEventArgs e)
{
    try
    {
        int index = Convert.ToInt32(e.CommandArgument);
        string isbn = GridView1.DataKeys[index].Value.ToString();
        switch (e.CommandName)
        {
            case "Alter":
            //修改一本书
            Response.Redirect("AddBook.aspx?isbn = " + isbn);
            break;
            case "Del":
            //删除一本书
            try
            {
                BookDAO bd = new BookDAO();
                bd.Delete(isbn);
                Bind("");
            }
            catch
            {
                this.Alert("删除出错,请查找原因.");
```

*在线图书销售管理系统*

```
            }
            break;
        }
    }
    catch (Exception)
    {
    }
}
protected void GridView1_RowDataBound(object sender, GridViewRowEventArgs e)
{
    //如果是绑定数据行
    if (e.Row.RowType == DataControlRowType.DataRow)
    {
        if (e.Row.RowState == DataControlRowState.Normal || e.Row.RowState ==
DataControlRowState.Alternate)
        {
            ((LinkButton) e.Row.Cells[8].Controls[0]).Attributes.Add("onclick",
"javascript:return confirm('你确认要删除: " + e.Row.Cells[1].Text + "吗?')");
        }
    }
}


//模糊查询代码
protected void BtnFilter_Click(object sender, EventArgs e)
{
    Bind(txtBookName.Text.Trim());
}
```

## 模块中使用的 BookDAO 类定义如下：

```
namespace BookSales.DataAccess
{
    public class BookDAO
    {
        private string strSql;

        public BookDAO()
        {
        }

        /// < summary >
        /// 添加一本图书
        /// </summary >
        /// < param name = "m"></param >
        public void Insert(Book b)
        {
            try
            {
                SqlHelper.ExecuteNonQuery(b.SqlInsert);
            }
            catch (Exception e)
```

```csharp
        {
            throw e;
        }
    }

    /// <summary>
    /// 修改图书信息
    /// </summary>
    /// <param name = "m"></param>
    public void Update(Book b)
    {
        try
        {
            SqlHelper.ExecuteNonQuery(b.SqlUpdate);
        }
        catch (Exception e)
        {
            throw e;
        }
    }

    /// <summary>
    /// 删除一本图书
    /// </summary>
    /// <param name = "email"></param>
    public void Delete(string isbn)
    {
        strSql = "delete from Book Where ISBN = '" + isbn + "'";
        try
        {
            SqlHelper.ExecuteNonQuery(strSql);
        }
        catch (Exception e)
        {
            throw e;
        }
    }

    /// <summary>
    /// 查找一本图书
    /// </summary>
    /// <param name = "email"></param>
    /// <returns></returns>
    public Book GetBook(string isbn)
    {
        strSql = "select * from Book Where ISBN = '" + isbn + "'";

        DataSet ds = SqlHelper.ExecuteDataSet(strSql);
        if (ds != null && ds.Tables[0].Rows.Count != 0)
        {
            Book m = RowToObject(ds.Tables[0].Rows[0]);
```

```
                return m;
            }
            else
            {
                return null;
            }
        }


        /// < summary >
        /// 查找所有图书
        /// </ summary >
        /// < returns ></ returns >
        public List < Book > GetBooks()
        {
            List < Book > lb = new List < Book >();
            strSql = "select * from Book";
            DataSet ds = SqlHelper.ExecuteDataSet(strSql);
            foreach (DataRow dr in ds.Tables[0].Rows)
            {
                Book b = RowToObject(dr);
                lb.Add(b);
            }
            return lb;
        }


        /// < summary >
        /// 查找所有满足条件图书
        /// </ summary >
        /// < returns ></ returns >
        public List < Book > GetBooks(string bookname)
        {
            List < Book > lb = new List < Book >();
            strSql = "select * from Book where BookName like '%" + bookname + "%'";
            DataSet ds = SqlHelper.ExecuteDataSet(strSql);
            foreach (DataRow dr in ds.Tables[0].Rows)
            {
                Book b = RowToObject(dr);
                lb.Add(b);
            }
            return lb;
        }


        /// < summary >
        /// 查找某类别图书
        /// </ summary >
        /// < returns ></ returns >
        public List < Book > GetBooksByType(string types)
        {
            List < Book > lb = new List < Book >();
            strSql = "select * from Book Where BookType in (" + types + ")";
            DataSet ds = SqlHelper.ExecuteDataSet(strSql);
```

```
foreach (DataRow dr in ds.Tables[0].Rows)
{
    Book b = RowToObject(dr);
    lb.Add(b);
}
return lb;
}

/// <summary>
/// 将一行转换为一本图书信息
/// </summary>
/// <param name="dr"></param>
/// <returns></returns>
private Book RowToObject(DataRow dr)
{
    Book b = new Book();
    b.ISBN = dr["ISBN"].ToString();
    b.BookName = dr["BookName"].ToString();
    b.BookType = dr["BookType"].ToString();
    b.BookPrice = Double.Parse(dr["BookPrice"].ToString());
    b.Publisher = dr["Publisher"].ToString();
    b.PublishDate = DateTime.Parse(dr["PublishDate"].ToString());
    b.Author = dr["Author"].ToString();
    return b;
}
}
}
```

用户单击"添加新书"按钮,弹出"添加图书"窗口,界面如图 2.5.19 所示。

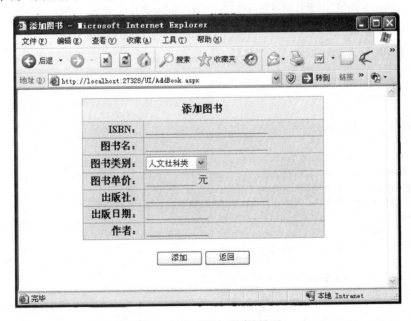

图 2.5.19 "添加图书"界面

管理员"添加图书"界面代码如下：

```csharp
/// < summary >
/// 添加图书
/// </ summary >
protected void btnAdd_Click(object sender, EventArgs e)
{
    //首先验证信息输入是否完整
    if (this.txtISBN.Text == "")
    {
        this.Alert("ISBN 不能为空!", "txtEmail");
        return;
    }
    if (this.txtBookName.Text == "")
    {
        this.Alert("图书名不能为空!", "txtPassword");
        return;
    }
    if (this.txtBookPrice.Text == "")
    {
        this.Alert("图书单价不能为空!", "txtIDNumber");
        return;
    }
    if (this.txtPublisher.Text == "")
    {
        this.Alert("出版社不能为空!", "txtCreditCard");
        return;
    }
    if (this.txtPublishDate.Text == "")
    {
        this.Alert("出版日期不能为空!", "txtTelphone");
        return;
    }
    if (this.txtAuthor.Text == "")
    {
        this.Alert("作者不能为空!", "txtAddress");
        return;
    }
    Book b = new Book();

    b.ISBN = this.txtISBN.Text.Trim();
    b.BookName = this.txtBookName.Text.Trim();
    b.BookType = this.ddlBookType.SelectedItem.Text ;
    b.BookPrice = double.Parse (this.txtBookPrice.Text.Trim());
    b.Publisher = this.txtPublisher.Text.Trim();
    b.PublishDate = DateTime.Parse (this.txtPublishDate.Text.Trim());
    b.Author = this.txtAuthor.Text.Trim();

    BookDAO bd = new BookDAO();
    try
    {
        if (Request["isbn"] == null)
        {
            bd.Insert(b);
```

```
                this.Alert("新书添加成功,确定跳转到图书列表.", "ListBook.aspx");
            }
            else
            {
                bd.Update(b);
                this.Alert("图书信息修改成功,确定返回图书列表.", "ListBook.aspx");
            }
        }
        catch (Exception)
        {
            this.Alert("输入信息有误,请重新输入!", "txtEmail");
        }
    }
```

## 5.5.8　按图书类别查询

系统提供按图书类查询模块,会员可以先选择自己感兴趣的类别的图书,界面如图 2.5.20 所示。

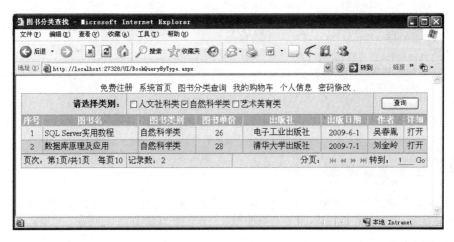

图 2.5.20　"图书分类查找"界面

分类查找的部分代码如下:

```
private void Bind()
{
    string strBookType = "";
    foreach (ListItem li in cblBookType.Items)
    {
        if(li.Selected )
        {
            strBookType += "'" + li.Text + "',";
        }
    }
    if (string.IsNullOrEmpty(strBookType))
    {
        this.Alert("您至少选择一个图书类别!");
        return;
```

```
        }
        strBookType = strBookType.Substring(0, strBookType.Length - 1);
        BookDAO bd = new BookDAO();
        List < Book > lb = bd.GetBooksByType (strBookType );
        GridView1.DataSource = lb;
        GridView1.DataBind();
        ShowStats(lb.Count);
    }
```

按类别获取所有图书的代码如下：

```
/// < summary >
/// 查找某类别图书
/// </ summary >
/// < returns ></returns >
public List < Book > GetBooksByType(string types)
{
    List < Book > lb = new List < Book >();
    strSql = "select * from Book Where BookType in (" + types + ")";
    DataSet ds = SqlHelper.ExecuteDataSet(strSql);
    foreach (DataRow dr in ds.Tables[0].Rows)
    {
        Book b = RowToObject(dr);
        lb.Add(b);
    }
    return lb;
}
```

### 5.5.9  订单管理模块

系统管理员对会员提交的订单进行结账等管理，系统管理可以查看全部订单、未处理订单、已处理订单以及自己处理的订单。如果某一订单客户长时间不结账，管理删除该订单。订单管理模块界面如图 2.5.21 所示。

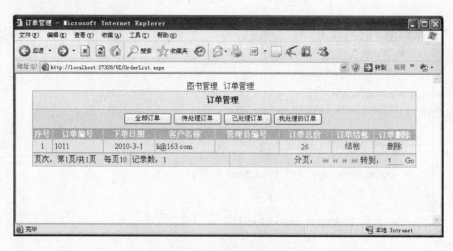

图 2.5.21 "订单管理"界面

订单管理中的部分代码如下：

```
private void Bind()
{
    string strOrderType = this.ViewState["OrderType"].ToString();
    OrderDAO bo = new OrderDAO();
    List < Order > lo = new List < Order >();
    switch (strOrderType)
    {
        case "1":
            //全部订单
            lo = bo.GetOrders();
            break;
        case "2":
            //待处理订单
            lo = bo.GetOrdersHandling();
            break;
        case "3":
            //处理过订单
            lo = bo.GetOrdersHandled();
            break;
        case "4":
            //我处理的订单
            Administrator a = (Administrator)Session["Admin"];
            lo = bo.GetOrdersHandled(a.AdminNo);
            break;
    }
    GridView1.DataSource = lo;
    GridView1.DataBind();
    ShowStats(lo.Count);
}
```

单击"结账"按钮，管理员可查看该订单的详细信息，并进行结账，界面如图 2.5.22 所示。

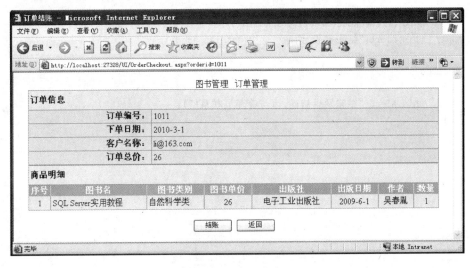

图 2.5.22 "订单结账"界面

在线图书销售管理系统

订单结账部分代码：

```
private void BindData(string orderID)
{
    OrderDAO od = new OrderDAO();
    //以下对订单信息初始化
    Order o = od.GetOrder(orderID);
    this.lblOrderID.Text      = o.OrderID.ToString ();
    this.lblTOrderDate.Text = o.OrderDate.ToShortDateString ();
    this.lblEmail.Text = o.Email;
    this.lblOrderTotal.Text = o.OrderTotal.ToString();
    if (!string.IsNullOrEmpty(o.AdminNo))
    {
        this.btnCheckout.Visible = false;
    }
    //以下对商品信息进行绑定
    List < Shopping > ls = od.GetOrderDetail(orderID);
    this.GridView1.DataSource = ls;
    this.DataBind();
}


/// < summary >
/// 结账
/// </summary >
/// < param name = "sender"></param >
/// < param name = "e"></param >
protected void btnCheckout_Click(object sender, EventArgs e)
{
    string orderID = Request["orderid"];
    Administrator a = (Administrator)Session["Admin"];

    OrderDAO od = new OrderDAO();
    try
    {
        od.OrderCheckout(orderID, a.AdminNo);
        this.Alert("结账完成,谢谢!", "OrderList.aspx");
    }
    catch
    {
        this.Alert("结账发生错误,请与管理员联系!");
    }
}
```

# 第6章 课程设计选题分析

通过课程设计,使读者熟练掌握数据库系统的理论知识,加深对数据管理系统知识的学习和理解,使学生掌握使用应用软件开发工具开发数据库管理系统的基本方法,积累在实际工程应用中运用各种数据库对象的经验。本章中对所选择的3个课程设计题目进行了分析,一是考虑到在校学生对其他内容的课题接触较少,二是这些问题具有一定的普遍性。

## 6.1 图书管理系统设计分析

随着社会信息量的与日俱增,作为信息存储的主要媒体之一的图书,其数量、规模比以往任何时候都大得多;不论个人还是图书馆管理,都需要使用方便而有效的方式来管理大量的书籍。编写一套图书信息管理系统更能有效、灵活的管理图书信息,这将为个人或单位节省不少的费用。

图书管理系统在学校网站中是很常见的,也是很重要的一个系统。它的一个基本作用就是为学校提供图书信息发布的平台。使用 B/S 模式开发的图书信息管理系统可以使图书馆的管理变得很轻松。管理员只需设置书号、内容和图片等图书信息元素就可以了,系统将自动生成对应的网页。而使用 SQL Server 数据库,将减轻维护人员的工作量,使系统便于维护和管理。

图书管理系统是构成学校网站的重要组成部分,它一方面可以用来发布图书信息,另外一方面也可以发布与图书相关的图书动态信息。图书管理系统可以实现以下功能:

- 提供图书信息发布的平台,可以用来发布与图书相关的信息。
- 任何注册和非注册人员都可以访问浏览系统上的图书信息并可以查询自己需要的图书。
- 可以赋予用户权限,根据权限提供不同的功能。
- 注册人员可以借阅图书,非注册人员不可借阅图书。
- 图书信息可以按照图书编号、图书名称和图书作者等条件进行搜索。
- 管理员可以完成删除、修改和添加图书信息等操作。
- 浏览图书馆图书借阅历史记录。
- 存储图书馆借阅图书信息。

- 查询图书馆借阅信息。

下面将逐步开发一个图书管理系统。

### 6.1.1 系统概述

根据不同的用户,本章所介绍的图书管理系统可以分为以下 3 个功能区。

**1. 未注册用户功能区**

根据用户的需求,未注册用户可以进行如下操作:

- 可以进行用户注册。
- 可以浏览图书馆里的图书信息。
- 可以查询自己需要的图书信息。

**2. 注册用户功能区**

根据用户的需求,用户除了享有未注册用户具有的权限外,还可以进行如下操作:

- 用户正常登录后,即可进入图书管理系统。
- 用户可以查看自己的借书记录。
- 用户可以查看个人资料。
- 用户可以修改个人注册信息。
- 用户可以借阅图书。
- 用户可以退出系统。

**3. 管理员功能区**

管理员通过输入的账号和密码正常登录该系统后,管理员除了享有未注册用户具有的权限外,还可以进行如下操作:

- 管理员可以进行借书管理,对用户的借书记录进行添加、修改和删除等操作。
- 管理员可以进行出版社管理,对出版社信息进行添加、修改和删除等操作。
- 管理员可以进行图书管理,对图书信息进行添加、修改、删除、查看图书详细信息、查看图书借阅记录以及查询指定的图书信息等操作。
- 管理员可以进行用户管理,对用户信息进行删除以及查询指定的用户信息等操作。
- 管理员可以进行个人密码管理,对登录密码进行修改操作。

### 6.1.2 系统功能模块设计

系统主要功能如下所示:

- 用户管理功能:用户可以浏览图书信息、查询借书记录、借阅图书等。
- 管理员管理功能:管理员负责整个系统的后台管理。
- 用户注册功能。
- 用户登录功能。
- 图书管理功能。
- 搜索功能:可以进行不同方式的搜索。

- 借书管理功能。
- 出版社管理功能。
- 用户管理功能。
- 管理员修改、登录密码功能。

系统主要分为两大功能模块：前台系统功能模块和后台系统功能模块。如图 2.6.1 和图 2.6.2 所示。

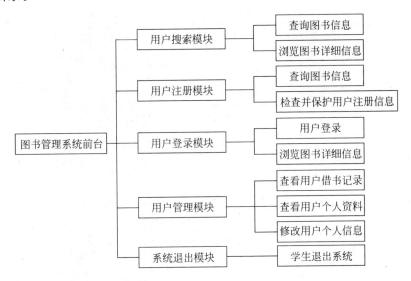

图 2.6.1　前台系统功能模块图

### 1. 公用模块

公用模块属于系统公用部分，系统中任何页面需要用此模块时直接调用即可。此模块包括数据库连接文件、层叠样式表文件、数据转换和图片上传文件、常量文件。此模块负责与数据库的连接、定义页面风格、进行数据转换和图片上传。可以将这些公用的代码放在一个文件中，这样既可以减少源代码，也可以使整个系统紧凑有序。

### 2. 前台系统功能模块

前台系统功能模块实现了未注册用户功能区和注册用户功能区两大功能区的所有功能。此模块由用户搜索模块、用户注册模块、用户登录模块、用户管理模块和退出系统模块所组成。这五个模块的功能如下所示：

- 用户搜索模块：此模块包括查询图书信息和浏览图书详细信息。用户可以在该模块查询自己需要的图书，并且查看图书的详细信息。
- 用户注册模块：此模块包括用户注册和检查并保存用户注册信息。任何用户要进入图书馆进行借阅图书就必须先到注册页面进行注册。注册成功后即可用注册的账号和密码登录图书馆管理系统，否则需重新注册，直到成功为止。
- 用户登录模块：此模块包括用户登录页面和检查用户登录信息页面。任何用户如果想进入图书馆进行借阅书以及查看自己的借书记录就必须先成功登录后才可以。

- 用户管理模块：此模块包括查看用户的借书记录、修改个人注册信息和查看个人资料。所有用户成功登录后均可进行这3种操作。
- 退出系统模块：此模块包括退出系统页。此模块在该系统中对普通用户/管理员类用户开放，负责结束普通用户/管理员类用户在登录模块所获得的 Session 变量，退出本系统，返回到系统首页。

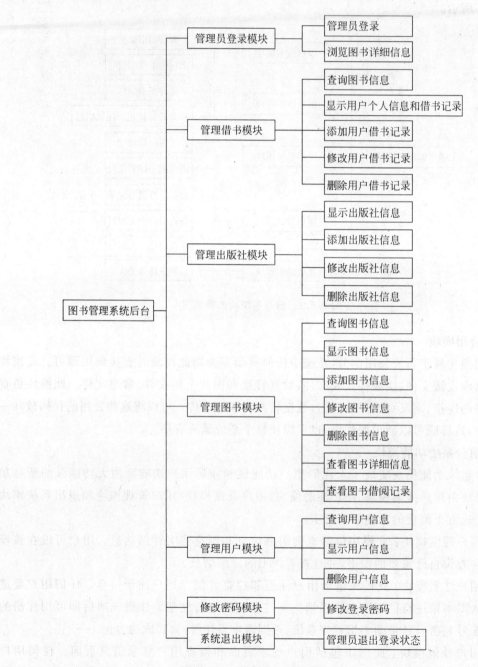

图 2.6.2　后台系统功能模块图

**3. 后台系统功能模块**

后台系统功能模块实现了管理员功能区的所有功能。此模块由管理员登录模块、管理借书模块、管理出版社模块、管理图书模块、管理用户模块、修改密码模块和退出系统模块所组成。这七个模块的功能如下所示：

- 管理员登录模块：此模块包括管理员登录和检查管理员登录信息。此模块负责根据管理员所输入的账号和密码判断该用户是否合法，以及具有哪些操作权限，并根据不同的权限返回包含不同模块的页面。
- 管理借书模块：此模块包括查询指定的用户、显示用户个人信息以及借书记录、添加用户借书记录、修改用户借书记录和删除用户借书记录。此模块只对管理员类用户开放。管理员登录系统后，管理员可以对用户借、还书情况进行添加、修改和删除等操作。
- 管理出版社模块：此模块包括显示出版信息、添加出版社信息、修改出版社信息和删除出版社信息。此模块只对管理员类用户开放。管理员登录系统后，可进行系统的管理操作，包括出版社信息的添加、修改和删除等。
- 管理图书模块：此模块包括查询图书信息、显示图书信息、添加图书信息、修改图书信息、删除图书信息、查看图书详细信息以及查看图书借阅记录。此模块只对管理员类用户开放。管理员登录系统后，可进行系统的管理操作，包括图书信息的添加、修改和删除等。
- 管理用户模块：此模块包括查询用户信息、显示用户信息和删除用户信息。此模块只对管理员类用户开放。管理员可以查看系统中所有注册用户的信息，也可以删除系统中的任何注册用户的信息。但管理员不可以修改注册用户的信息。
- 修改密码模块：此模块包括修改登录密码。此模块只对管理员类用户开放，用于管理员修改登录的密码。
- 退出系统模块：此模块与前台系统功能模块中的退出系统模块是一样的。

## 6.1.3　总体设计

数据库的总体设计既能使系统分析过程中对数据的需求描述从逻辑上进一步具体化，又为下一阶段的数据库设计工作从系统上提供较好的支持，起到承上启下的作用。它从系统的观点出发，为数据的存储结构提出一个较为合理的逻辑框架，以保证详细设计阶段数据的完整性与一致性。本例所介绍的图书馆管理系统主要实现未注册用户功能区、注册用户功能区和管理员功能区。

**1. 前台系统功能模块**

图书馆管理系统前台系统功能模块流程如图 2.6.3 所示。

**2. 后台系统功能模块**

图书馆管理系统后台系统功能模块流程如图 2.6.4 所示。

**3. 整体工作流程图**

图书管理系统的整体工作流程如图 2.6.5 所示。

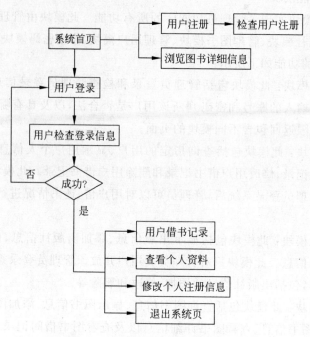

图 2.6.3　前台系统功能模块流程图

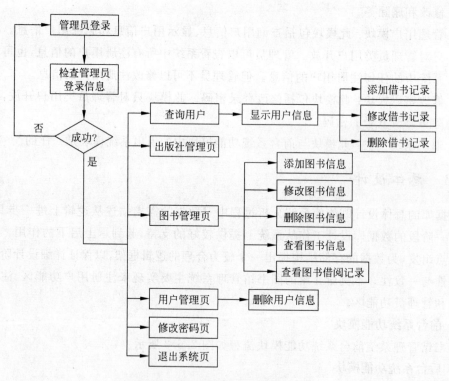

图 2.6.4　后台系统功能模块流程图

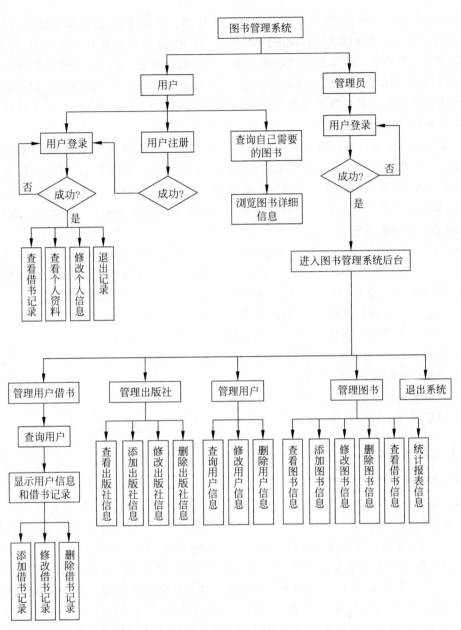

图 2.6.5 图书管理系统整体工作流程图

# 6.2 学生评价教师系统设计分析

教学质量评价是高等教育的重要一环,起着不可估量的作用,对教师教学质量的评估考核就起到了政策导向和指挥棒的作用。自觉地运用教学质量评估搞好教学工作是深化教学改革、提高教学质量的必然需要。开展教师教学质量评估,要有一个科学、公正、客观、操作性强的计估系统。

教学评价是依据教学目标对教学活动进行系统调查,并做出目标实现程度的判断以及提供服务的过程。一般而言,教学评价包括 4 个步骤:制定目标,制定评价标准,广泛收集信息,根据标准进行判断和归因,校正教学活动。因此,教学评价具有导向功能、促进功能、激励功能和反馈功能。教学评价的功能与作用是有机结合在一起的,评价的功能是作用的前提,而评估作用则是功能的具体表现。所以,开展教学评价工作,评建结合,以评促建是推动学校的教学基本建设和教学改革进程,推进教学管理的规范化、现代化,并最终达到提高教学水平和教学质量的目的。

教师的教学质量评估一直是高校教育评估的重要组成部分,它和学生学习水平评估相辅相成。教师教学质量评估主要是通过对其教学工作的评估来完成的,而学生是教学活动的参加者和主体,他们对教学工作的感受最深切,通过对他们进行信息采集,既具有较高的准确度,又具有较强的时间性。学生评教主要是为教师改进教学服务,还为教师的晋升、评优、奖励等行政决策服务。

学生评价教师系统是一个比较大的系统,在课程设计中只阐述学生对教师的评价方面的内容。对于学生评价教师系统,主要包含学生课堂评价系统子模块、班干部定期统计总结子模块、期末教师教学综合评估系统。学生评价教师系统可以实现如下功能:

- 学生在网上填写评价意见,在终端提交评价结果。
- 根据学生录入的数据进行计算,直接得到评价的结果。
- 客观、公正的评价方法,使得评价项目可以灵活更换。
- 存储学生评价的原始资料。
- 存储教师的评价结果。
- 浏览教师的评价结果。

## 6.2.1 系统概述

教师的某项能力的评价结果,不是由一位学生的评价一次性得出的,而是由多位学生各自独立地在较长时间观察的基础上经过多次评价得出的。因此,教师得到的评价结果是公认的和可靠的。学生评价每天进行一次,学习委员每月总结一次,以保证所有任课教师都有被测评的机会,特别是对只有一段时间有教学任务的教师。学生的评价以一天为一个周期,要求每班随机派一名学生评价一位任课教师的课程,即学生实际上是评价的课程;在每个月的最后一天,由班干部进行总结,并以书面报告的形式将存在问题的评价信息报告给教务处。在开始一个新的周期时,学生都应将所有教师重新放在同一个起点上进行观察和比较,期末再进行综合评估。根据多个学生对任课教师的该项评价结果得到的计算值为"最可信值",这个最可信值由计算机编程实现。

本课程设计将整个系统分为以下 3 个功能区。

**1. 学生操作**

学生登录后主要是对教师在客户端进行评价。还可以进行如下操作:

- 对教师评价结果的录入。
- 对教师评价的附加说明录入。

**2. 学习委员操作**

学习委员登录后主要完成如下操作:

- 学习委员定期对该班学生的评价结果进行浏览。

- 学习委员每月提交一份书面总结报告给教务处相关人员处理。

**3. 管理员操作**

管理员登录后主要完成如下操作。

- 随时查看和打印学生对教师评价的最新统计结果。
- 对学习委员提交的书面报告中发现的问题加以核实和更改。
- 对学生反映的问题进行及时反馈。

## 6.2.2 系统功能模块设计

系统主要功能如下所示。

- 用户的登录功能。
- 选择日期和相应课程对授课教师的评价功能。
- 评价结果的管理功能。
- 对学生评价信息的总结功能。
- 提交总结报告的功能。
- 对所有教师在同一个起点上观察和比较的功能。
- 浏览学生评价信息的功能。
- 统计评教信息阶段结果。
- 删除不合理评教结果记录的功能。
- 修改登录密码的功能。

**1. 前台系统模块**

学生评教系统前台功能模块如图 2.6.6 所示。

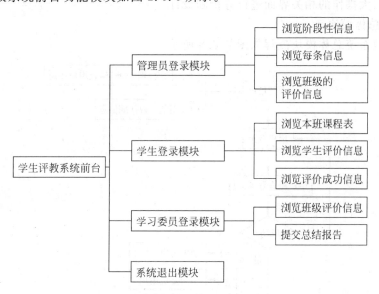

图 2.6.6　学生评教系统前台功能模块

**2. 后台系统模块**

学生评教系统后台功能模块如图 2.6.7 所示。

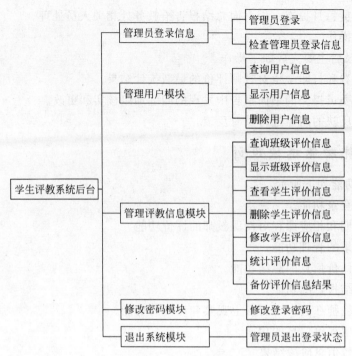

图 2.6.7　学生评教系统后台功能模块

## 6.2.3　总体设计

学生评价教师系统主要分成三大操作：学生的操作、学习委员的操作和管理员的操作，下面将对这三大操作的相关界面进行分析和设计。

### 1. 系统总体模块

学生评教系统总体模块流程如图 2.6.8 所示。

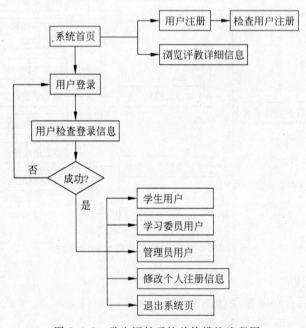

图 2.6.8　学生评教系统总体模块流程图

## 2. 学生操作模块

学生用户操作模块中设计的界面关系如图 2.6.9 所示。

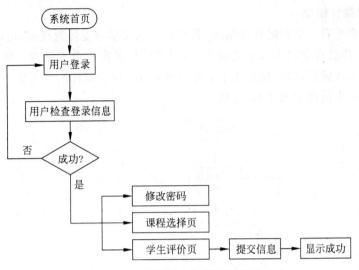

图 2.6.9　学生用户操作模块流程图

主要页面说明如下：

（1）课程选择页：该页面是根据学号和密码显示该班的课程表。学生用户看到的是自己班级的课程表，学生可以直接单击"教师"进行评价，也可以自己修改密码。

（2）学生评价页面要求左边显示任课教师、上课时间、上课教室；右边是评价条目，可以从五个方面考虑：教师风范、授课效果、听课效果、学生到课率、教学进度；每个评价条目可以分为 5 个等级，分别是很满意、满意、尚可、不满意、很不满意。

## 3. 学习委员操作模块

学习委员可以浏览本班学生评价的结果，但只有查看权限，没有其他权限。学习委员操作模块中设计的界面关系如图 2.6.10 所示。

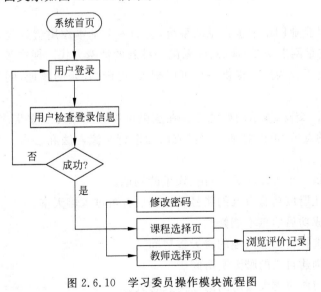

图 2.6.10　学习委员操作模块流程图

学习委员登录成功后,可以看到本班的课程表,当选定某任课教师及某门课程后可以浏览该教师获得的评价记录。

**4. 管理员操作模块**

管理员主要是看一学期的评比情况,管理员还拥有学习委员的权限,可以对不良记录进行删除,删除工作放在学习委员呈交报告后,管理员根据报告再做处理。统计方式为两种,一是各指标和总评成绩,以平均分表示;另一种是每个评价指标的令人满意程度,以百分比表示。管理员操作模块如图 2.6.11 所示。

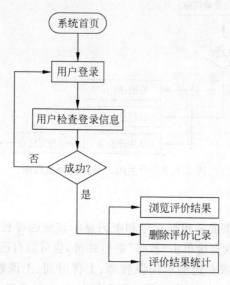

图 2.6.11 管理员操作模块流程图

也可以把这三部分组装在一起画出整个评教系统的工作流程图。

# 6.3 简易聊天室系统设计分析

聊天室现在是企业网站中很常见的系统,它的一个基本作用就是为企业和用户提供信息交流的平台;它是网上交友、谈心、娱乐的一种新的消费方式。现在各大型门户网站都提供了此项服务。这不仅为用户提供一个可以聊天、讨论、娱乐的场地,同时也是一个很好的企业宣传平台。

聊天室是聊天、交友、娱乐的好地方。在这里可以和朋友度过多姿多彩的网络生活,可以增进朋友之间的友谊,可以对某一项目或话题进行交流看法和心得。聊天室可以实现以下功能:

- 为用户提供一个可以聊天、讨论、娱乐的场地。
- 用户必须注册成功有自己的账号和密码后方可进入聊天室。
- 用户注册成功后信息不能修改。
- 用户可以选择自己感兴趣的聊天室房间。
- 用户可以创建自己的聊天室房间。
- 用户可以与所属聊天室房间的任何人聊天。

- 用户有找回密码的权限。
- 用户在未登录前可以首先查看聊天室房间情况。
- 管理员有删除、修改聊天室房间的权限。
- 管理员有查看和删除所有用户信息的权限,但不可以修改用户信息。
- 系统具有可设置聊天房间是否上锁、用户聊天时间等功能。

## 6.3.1 系统概述

聊天室根据不同的用户,可以分为以下 3 个功能区。

### 1. 未注册用户功能区

根据用户的需求,未注册用户可以进行如下操作:

- 未注册用户可以进行注册成为聊天室成员。
- 未注册用户可以查看聊天室房间信息。

### 2. 注册用户功能区

根据用户的需求,用户除了享有未注册用户具有的权限外,还可以进行如下操作:

- 用户如果忘记登录密码,可以找回密码。
- 用户正常登录后,即可进入聊天室。
- 用户可以创建新的聊天室房间。
- 用户可以选择自己感兴趣的聊天室房间进入聊天。

### 3. 管理员功能区

管理员通过输入的账号和密码正常登录该系统后,管理员除了享有注册用户具有的权限外,还可以进行如下操作:

- 管理员可以进行聊天室房间管理,对聊天室房间进行修改和删除操作。
- 管理员可以进行聊天室用户管理,对聊天室用户信息进行查看和删除操作。

## 6.3.2 系统功能模块设计

该系统设计流程是首先创建聊天室数据库,再设计该系统的功能,然后编写源代码实现系统功能,并在表示层制作与用户对话界面,该系统主要功能如下所示。

- 任何用户均可查看聊天室房间信息。
- 未注册用户可以注册成为聊天室成员。
- 已注册用户可以找回密码。
- 已注册用户正常登录后可以创建新聊天室房间。
- 已注册用户正常登录后可以进行聊天。
- 管理员可以查看、修改和删除聊天室房间信息。
- 管理员可以查看和删除用户信息。
- 管理员/用户退出登录状态功能。

### 1. 前台系统模块

前台系统模块实现了未注册用户功能区和注册用户功能区两大功能区的所有功能。此模块由用户浏览模块、用户注册模块、找回密码模块、用户登录模块、在线用户管理模块、用户聊天模块及用户退出系统模块所组成,这 7 个模块的功能如下所示:

（1）用户浏览模块：此模块包括查看聊天室信息页。任何用户在进行其他操作前，均可先查看聊天室房间信息，查看是否有自己感兴趣的话题或聊天室房间的其他信息。

（2）用户注册模块：此模块包括用户注册页和检验并保存用户注册信息页。任何用户要进入聊天室进行聊天，就必须先到注册页面进行注册。注册成功后即可用注册的账号、密码和昵称登录聊天室，否则需重新注册，直到成功为止。

（3）找回密码模块：此模块包括找回密码页和显示找回的密码页。这一功能是为一些用户忘记密码的情况下设置的。找回密码功能可根据用户填写的个人信息来找回密码。

（4）用户登录模块：此模块包括用户登录页面，即系统首页和检验用户登录信息页面。任何用户如果想进入聊天室进行聊天，就必须先成功登录后才可以。

（5）在线用户管理模块：此模块包括显示聊天室房间信息页、创建新的聊天房间页、选择感兴趣的聊天室房间和保存在线用户信息页。用户登录后即可进入该模块。用户可以在该模块创建自己的聊天房间，可以选择自己感兴趣的聊天房间。

（6）用户聊天模块：此模块包括聊天室框架页、聊天内容显示页、聊天内容发送页、用户列表页和其他操作页。此模块创建了用户进行会话的界面及一些聊天的其他功能。

（7）用户退出系统模块：此模块包括用户退出系统页。用户在聊天室结束会话后退出系统时，用户直接单击"退出聊天室"按钮，系统会把该用户在在线用户信息表中的信息删除，并结束用户在登录模块所获得的 Session 变量，退出本系统，返回到聊天室首页。

前台系统功能模块如图 2.6.12 所示。

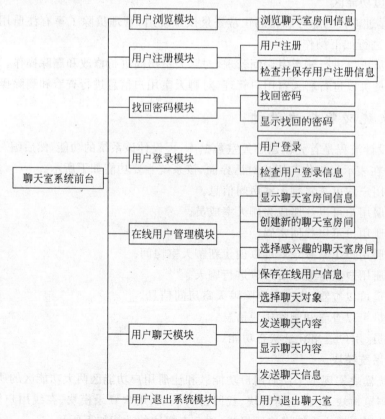

图 2.6.12　前台系统功能模块图

**2. 后台系统功能模块**

后台系统功能模块实现了管理员功能区的所有功能。此模块由管理员登录模块、聊天室房间管理模块、聊天室用户管理模块、管理员退出系统模块组成,这4个模块的功能如下所示:

(1) 管理员登录模块:此模块包括管理员登录和检查管理员登录信息。此模块根据管理员所输入的账号和密码判断该用户是否合法,以及具有哪些操作权限,并根据不同的权限返回包含不同模块的页面。

(2) 聊天室房间管理模块:此模块包括显示聊天室房间信息、修改聊天室房间信息和删除聊天室房间信息。此模块只对管理员类用户开放。系统管理员登录后,可进行系统的管理操作,包括聊天室房间的修改和删除等。

(3) 聊天室用户管理模块:此模块包括显示用户信息页和删除用户信息页。此模块只对管理员类用户开放。管理员可以查看聊天室中所有注册用户的信息,也可以删除聊天室中的任何注册用户的信息。但管理员不可以修改注册用户的信息。

(4) 管理员退出系统模块:此模块包括管理员退出系统页。此模块只对管理员类用户开放,负责结束管理员类用户在登录模块后所获得的 Session 变量,退出本系统,并返回到系统首页。

后台系统功能模块如图 2.6.13 所示。

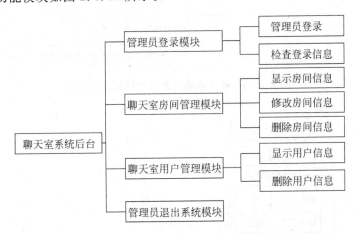

图 2.6.13  后台系统功能模块图

## 6.3.3  总体设计

本例所介绍的聊天室系统主要是实现未注册用户功能区、注册用户功能区和管理员功能区。各个页面之间的关系如下所示。

**1. 前台系统功能模块流程**

聊天室前台系统功能模块页面流程如图 2.6.14 所示。

**2. 后台系统功能模块流程**

聊天室后台系统功能模块页面流程如图 2.6.15 所示。

可以把前后台系统功能模块组装在一起画出整个聊天室系统的功能流程图。

课程设计选题分析

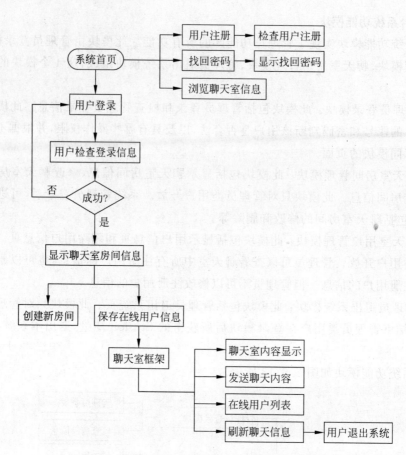

图 2.6.14 聊天室前台系统功能模块流程图

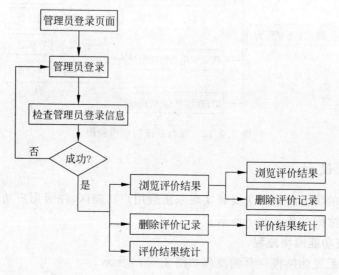

图 2.6.15 聊天室后台系统功能模块流程图

# 相关课程教材推荐

| ISBN | 书　名 | 定价(元) |
|---|---|---|
| 9787302177852 | 计算机操作系统 | 29.00 |
| 9787302178934 | 计算机操作系统实验指导 | 29.00 |
| 9787302177081 | 计算机硬件技术基础(第二版) | 27.00 |
| 9787302176398 | 计算机硬件技术基础(第二版)实验与实践指导 | 19.00 |
| 9787302177784 | 计算机网络安全技术 | 29.00 |
| 9787302109013 | 计算机网络管理技术 | 28.00 |
| 9787302174622 | 嵌入式系统设计与应用 | 24.00 |
| 9787302176404 | 单片机实践应用与技术 | 29.00 |
| 9787302172574 | XML 实用技术教程 | 25.00 |
| 9787302147640 | 汇编语言程序设计教程(第 2 版) | 28.00 |
| 9787302131755 | Java 2 实用教程(第三版) | 39.00 |
| 9787302142317 | 数据库技术与应用实践教程——SQL Server | 25.00 |
| 9787302143673 | 数据库技术与应用——SQL Server | 35.00 |
| 9787302179498 | 计算机英语实用教程(第二版) | 23.00 |
| 9787302180128 | 多媒体技术与应用教程 | 29.50 |
| 9787302185819 | Visual Basic 程序设计综合教程(第二版) | 29.50 |

以上教材样书可以免费赠送给授课教师,如果需要,请发电子邮件与我们联系。

# 教学资源支持

敬爱的教师:

感谢您一直以来对清华版计算机教材的支持和爱护。为了配合本课程的教学需要,本教材配有配套的电子教案(素材),有需求的教师可以与我们联系,我们将向使用本教材进行教学的教师免费赠送电子教案(素材),希望有助于教学活动的开展。

相关信息请拨打电话 010-62776969 或发送电子邮件至 weijj@tup. tsinghua. edu. cn 咨询,也可以到清华大学出版社主页(http://www. tup. com. cn 或 http://www. tup. tsinghua. edu. cn)上查询和下载。

如果您在使用本教材的过程中遇到了什么问题,或者有相关教材出版计划,也请您发邮件或来信告诉我们,以便我们更好为您服务。

地址:北京市海淀区双清路学研大厦 A 座 708　　计算机与信息分社魏江江　收
邮编:100084　　　　　　　　　　电子邮件:weijj@tup. tsinghua. edu. cn
电话:010-62770175-4604　　　　　邮购电话:010-62786544